D1750930

StudyHelp

Mathematik Maturavorbereitung
inklusive Lernvideos, Aufgaben und Lösungen

Copyright © 2020 StudyHelp
StudyHelp GmbH, Paderborn
WWW.STUDYHELP.DE

1. Auflage

Autor: Carlo Oberkönig, Daniel Jung und Susanne Meindl

Redaktion & Satz: Carlo Oberkönig
Kontakt: verlag@studyhelp.de
Umschlaggestaltung, Illustration: StudyHelp GmbH
Druck: mediaprint solutions GmbH

Das Werk und alle seine Bestandteile sind urheberrechtlich geschützt. Jede vollständige oder teilweise Vervielfältigung, Verbreitung und Veröffentlichung bedarf der ausdrücklichen Genehmigung von StudyHelp. Hinweis zu § 52a UrhG: Weder das Werk noch seine Teile dürfen ohne eine solche Einwilligung gescannt und in ein Netzwerk eingestellt werden. Dies gilt auch für Intranets von Schulen und sonstigen Bildungseinrichtungen.
Auf verschiedenen Seiten dieses Buches befinden sich Verweise (Links) auf Internet-Adressen. Haftungshinweis: Trotz sorgfältiger inhaltlicher Kontrolle wird die Haftung für die Inhalte der externen Seiten ausgeschlossen. Für den Inhalt dieser externen Seiten sind ausschließlich deren Betreiber verantwortlich. Sollten Sie bei dem angegebenen Inhalt des Anbieters dieser Seite auf kostenpflichtige, illegale oder anstößige Inhalte treffen, so bedauern wir dies ausdrücklich und bitten Sie, uns umgehend per E-Mail davon in Kenntnis zu setzen, damit beim Nachdruck der Verweis gelöscht wird.

ISBN 978-3-981-**80135**-4

Inhalt

1 Tipps für die Matura 7

I Algebra und Geometrie   9

2 Grundbegriffe der Algebra 11
   2.1 Die Zahlenmengen 11
   2.2 Algebraische Begriffe 13

3 (Un-)Gleichungen und LGS 15
   3.1 Grundlagen 15
   3.2 Lineare Gleichungen 15
   3.3 Quadratische Gleichungen 16
   3.4 Lineare Ungleichungen 17
   3.5 Lineare Gleichungssysteme 18
      3.5.1 Einsetzungsverfahren 19
      3.5.2 Gleichsetzungsverfahren 19
      3.5.3 Additionsverfahren 20
      3.5.4 Gauß-Algorithmus 21

4 Vektoren 25
   4.1 Punkte im Koordinatensystem ablesen 25
   4.2 Vom Punkt zum Vektor 25
   4.3 Unterschied Ortsvektor/Richtungsvektor 26
   4.4 Länge eines Vektors 26
   4.5 Rechnen mit Vektoren 27
   4.6 Lineare Abhängigkeit und Unabhängigkeit 29
   4.7 Parameterdarstellung einer Geraden 31
   4.8 Verschiedene Formen der Geradengleichung 32
   4.9 Lagebeziehungen 34

5 Trigonometrie 37
   5.1 Grundlagen 37
   5.2 Einheitskreis 38

II Funktionen — 39

6 Grundlagen — 41
- 6.1 Definition des Funktionsbegriffs — 42
- 6.2 Eigenschaften von Funktionen — 43
- 6.3 Manipulation von Grundfunktionen — 45
- 6.4 Gleichungen lösen — 49
- 6.5 Schnittpunkte zweier Funktionsgraphen — 53

7 Lineare Funktionen — 55
- 7.1 Grundlagen — 55
- 7.2 Parameter ermitteln und deuten — 55
- 7.3 Direkte und nicht-direkte Proportionalität — 56

8 Potenzfunktionen — 59
- 8.1 Grundlagen — 59
- 8.2 Parameter ermitteln und deuten — 60
- 8.3 Indirekte Proportionalität — 61

9 Polynomfunktionen — 63
- 9.1 Grundlagen — 63
- 9.2 Zusammenhänge der Null-, Extrem- und Wendestellen — 63

10 Exponentialfunktionen — 65
- 10.1 Grundlagen — 65
- 10.2 Parameter ermitteln und deuten — 65

11 Wachstumsprozesse — 67
- 11.1 Lineares Wachstum — 67
- 11.2 Exponentielles Wachstum — 68
  - 11.2.1 e-Funktion, die besondere Exponentialfunktion — 70
  - 11.2.2 Exponentialfunktion aufstellen mit 2 Punkten — 70
  - 11.2.3 Unbegrenztes Wachstum bzw. unbegrenzter Zerfall — 71
  - 11.2.4 Beschränktes Wachstum und beschränkte Abnahme — 72
  - 11.2.5 Logistisches Wachstum — 72

12 Trigonometrische Funktionen — 75
- 12.1 Grundlagen — 75
- 12.2 Parameter ermitteln und deuten — 76

III Analysis   79

13 Änderungsmaße   81
13.1 Absolute und relative Änderung   81
13.2 Differenzenquotient und Differentialquotient   82
13.2.1 Sekantengleichung aufstellen   82
13.2.2 Tangentengleichung aufstellen   82
13.3 Systematisches Verhalten   84

14 Differenzieren   87
14.1 Grafisches Ableiten/Aufleiten   88
14.2 Ableitungsregeln   88
14.3 Höhere Ableitungsregeln   89
14.4 *e*- und ln-Funktion ableiten   90
14.5 Zusammenhang Weg, Geschwindigkeit und Beschleunigung   92

15 Kurvendiskussion   93
15.1 Grenzverhalten (limes)   93
15.2 Symmetrie   94
15.3 Achsenabschnitte   95
15.4 Definitionsbereich   96
15.5 Wertebereich   97
15.6 Extrempunkte   98
15.7 Wendepunkte   99

16 Umkehraufgaben   101

17 Summation und Integral   105
17.1 Übersicht typischer Stammfunktionen   105
17.2 Unbestimmtes Integral   106
17.3 Bestimmtes Integral   106
17.4 Bestimmung von Flächeninhalten   107
17.5 Integration durch Substitution   109
17.6 Interpretation im Sachzusammenhang   111
17.7 Mittelwertsatz der Integralrechnung   111

IV Wahrscheinlichkeit und Statistik   113

18 Grundlagen   115
18.1 Das Zufallsexperiment   115
18.2 Ergebnis, Ereignis und Ergebnisraum   115
18.3 Verknüpfungen von Ereignissen   116
18.4 Der Wahrscheinlichkeitsbegriff   117

18.5 Wahrscheinlichkeit nach Laplace 117

19 Baumdiagramme
19.1 Mit oder ohne Zurücklegen?
19.1.1 Zufallsexperiment „mit Zurücklegen"
19.1.2 Zufallsexperiment „ohne Zurücklegen"
19.2 Wahrscheinlichkeit mit Pfadregel

20 Kombinatorik

21 Spezielle diskrete Verteilungen
21.1 Zufallsvariablen und Verteilungen
21.2 Diskrete Zufallsvariablen
21.3 Träger einer diskreten Zufallsvariablen
21.4 Wahrscheinlichkeitsfunktion einer diskreten Zufallsvariablen
21.5 Verteilungsfunktion einer diskreten Zufallsvariablen
21.6 Verteilungsparameter einer diskreten Zufallsvariablen
21.7 Bernoulliverteilung
21.8 Binomialverteilung
21.8.1 Typische Binomialrechnungen
21.8.2 Übersicht typischer Fragestellungen
21.8.3 Aufgabentyp: Anzahl Ziehungen ermitteln
21.8.4 σ-Regeln

22 Spezielle stetige Verteilungen
22.1 Stetige Zufallsvariablen
22.2 Verteilungsparameter stetiger Zufallsvariablen
22.3 Normalverteilung
22.3.1 Standardisieren von normalverteilten Zufallsvariablen
22.3.2 Wie lese ich Φ-Werte ab?
22.3.3 Wahrscheinlichkeiten für Intervalle
22.3.4 Quantile bestimmen

23 Beschreibende Statistik
23.1 Kennzahlen
23.2 Darstellung von Datenmengen

24 Konfidenzintervalle

1 Tipps für die Matura

1. **Lies genau!**
   Und damit ist wirklich ganz genau lesen gemeint. Vor allem Teil 1 der *Neuen Matura* besteht hauptsächlich aus Beispielen, bei denen du einen Punkt entweder ganz oder gar nicht bekommst – halbe Punkte gibt es hier nicht! Es wäre sehr schade, wenn du wegen eines überlesenen Wortes oder einer falsch verwendeten Einheit diesen Punkt verschenkst.

2. **Autorisierte Beispiele üben!**
   Du solltest bei deiner Maturavorbereitung unbedingt den Fokus auf das Üben von Beispielen des für die Matura zuständigen Institutes legen. Bis zum 1.1.2017 war das BIFIE dafür verantwortlich, jetzt das BMB. Du findest sowohl die alten BIFIE-Beispiele als auch immer wieder neues Übungsmaterial auf der offiziellen Seite des BMB. Die Fragen bei der Matura sind ziemlich gleich aufgebaut und so kannst du dich schon im Voraus mit der Art der Fragestellung vertraut machen.

3. **Elektronische Hilfsmittel kennenlernen!**
   Mach dich rechtzeitig mit den elektronischen Hilfsmitteln vertraut, die du bei der Neuen Reifeprüfung verwenden darfst. Grundsätzlich stehen dir verschiedene Hilfsmittel (Graphische Taschenrechner, GeoGebra etc.) bei der Matura zur Verfügung. Um die Programme aber effizient nutzen zu können, musst du einige Befehle beherrschen. Solltest du damit noch Schwierigkeiten haben, frag bei deinen Lehrern oder Schulkollegen nach. Oft findet man auch hilfreiche Hinweise im Internet oder in der Bedienungsanleitung.

4. **Theorie verstehen!**
   Bei der Neuen Reifeprüfung wird großen Wert auf das Verstehen der zugrundeliegenden Theorien gelegt. Bloßes Auswendiglernen von Beispielen war vielleicht einmal – das geht heute aber gar nicht mehr. Versuche die Lösungswege wirklich nachzuvollziehen und nicht einfach hinzunehmen. Wenn du dir unsicher bist, ob du ein Kapitel wirklich verstanden hast, kannst du versuchen es einer anderen Person zu erklären. Sind deine Erklärungen für dein Gegenüber plausibel, bist du schon auf einem sehr guten Weg!

5. **Antwortmöglichkeiten unterstreichen!**
   Bei den Multiple-Choice-Fragen steht in der Angabe meist *Kreuzen Sie die (beiden) zutreffende(n) Aussage(n) an*. Du wirst diesen Satz bei fast jeder Angabe vorfinden und ihn deshalb wahrscheinlich auch nicht mehr wirklich beachten. Nimm dir aber einen kurzen Moment Zeit, um hervorzuheben wie viele Antwortmöglichkeiten richtig sind (falls überhaupt angegeben). Solltest du dir bei einer Frage unsicher sein, kannst du so einfach nach dem Ausschlussverfahren vorgehen.

Quelle für die Stoffabgrenzung: BIFIE Österreich

Notizen

Teil I

Algebra und Geometrie

2 Grundbegriffe der Algebra

2.1 Die Zahlenmengen

Wir beschäftigen uns hauptsächlich mit den folgenden Zahlenmengen:

- natürliche Zahlen $\mathbb{N}$ = 0, 1, 2, 3, 4, 5, ...
- ganze Zahlen $\mathbb{Z}$ = ..., −3, −2, −1, 0, 1, 2, 3 ...
- rationalen Zahlen $\mathbb{Q}$
    - Darunter versteht man alle Zahlen, die sich als Bruch darstellen lassen. Das heißt, alle Zahlen, außer nicht periodische oder unendliche Dezimalzahlen (=irrationale Zahlen).
    - Beispiele: −4/5 ; 2,575; 8,4; −0,999... ; 0,3434... ; 2/3

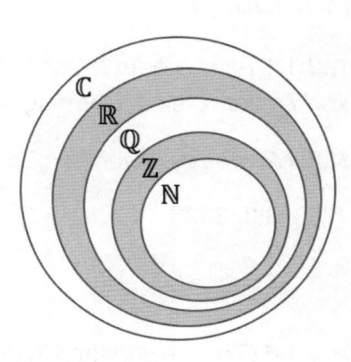

- irrationalen Zahlen $\mathbb{R}\setminus\mathbb{Q}$
    - Wir lesen: *Alle reellen Zahlen außer den rationalen Zahlen.*
    - Sie sind das Gegenteil der rationalen Zahlen, beschreiben also alle Zahlen, die sich nicht als Bruch anschreiben lassen. Das heißt es handelt sich hier um nicht periodische oder unendliche Dezimalzahlen.
    - Beispiele: π = 3,14159265... oder $\sqrt{2}$ = 1,414213562...

- reellen Zahlen $\mathbb{R}$
    - Damit sind alle Zahlen gemeint, mit denen wir normalerweise rechnen können.

- komplexen Zahlen $\mathbb{C}$
    - Alle Zahlen inklusive der Wurzel negativer Zahlen, zum Beispiel $\sqrt{-2}$ oder $\sqrt{-5,41}$ u.s.w.
    - Wir definieren $\sqrt{-1}$ als i, z.B. $2i = 2 \cdot \sqrt{-1} = 2\sqrt{-1}$

$$i^2 = i \cdot i = \sqrt{-1} \cdot \sqrt{-1} = -1$$
$$i^3 = i^2 \cdot i = -1 \cdot i = -i$$
$$i^4 = i^2 \cdot i^2 = -1 \cdot -1 = 1$$

Wichtig Die Zahlenmengen haben verschiedene Beziehungen zueinander, die du kennen solltest. Zum Beispiel sind die natürlichen Zahlen eine Teilmenge der ganzen Zahlen, d.h. die ganzen Zahlen schließen die natürlichen Zahlen mit ein, die natürlichen Zahlen $(0, 1, 2, 3, 4 \ldots)$ sind also in den ganzen Zahlen $(\cdots -3, -2, -1, 0, 1, 2, 3 \ldots)$ enthalten. Die reellen Zahlen $\mathbb{R}$ sind keine Teilmenge der rationalen Zahlen $\mathbb{Q}$, weil die rationalen in den reellen Zahlen enthalten sind. Alle Zahlenmengen sind Teilmengen der komplexen Zahlenmenge $\mathbb{C}$.

> **Tipp**
>
> Die Abbildung auf der ersten Seite veranschaulicht die Beziehung der Mengen zueinander. Der Kreis der rationalen Zahlen *umarmt* beispielsweise die Kreise der ganzen und der natürlichen Zahlen, d.h. $\mathbb{N}$ und $\mathbb{Z}$ sind Teilmengen von $\mathbb{Q}$. Präge dir die Abbildung gut ein und zeichne sie dir am besten auf, wenn du eine Aufgabe zu diesem Kapitel löst! Achtung: die irrationalen Zahlen sind in der Grafik nicht dargestellt, sie sind nur der graue Ring des $\mathbb{R}$-Kreises, weil sie ja alle reellen Zahlen außer der rationalen sind.

Aufgaben

A.2.1.1 Richtig oder falsch? Die natürlichen Zahlen $\mathbb{N}$, die rationalen Zahlen $\mathbb{Q}$ sowie die komplexen Zahlen $\mathbb{C}$ sind Teilmengen der reellen Zahlen $\mathbb{R}$.

A.2.1.2 Kreuze diejenigen Zahlen an, die zur Menge der rationalen Zahlen gehören.

1. ◯ $2{,}333333\ldots$
2. ◯ π
3. ◯ $-29{,}54$
4. ◯ $8{,}927476492\ldots$

A.2.1.3 Gib eine verständliche Definition für die Zahlenmengen $\mathbb{N}$ und $\mathbb{R}\setminus\mathbb{Q}$ an. Nenne auch jeweils drei Beispiele.

Lösungen

2.2 Algebraische Begriffe

Variable:	Platzhalter für eine oder mehrere Zahlen
Term:	sinnvoller Ausdruck, der Ziffern, Variablen und Symbole für mathematische Operationen enthält
Formel:	mathematischer Ausdruck, um ein bestimmtes Problem zu lösen; ist oft eine naturwissenschaftliche Regel
(Un-)Gleichungen:	Aussage über die Gleichheit zweier Terme; die Terme sind bei einer Gleichung mit =, und bei einer Ungleichung mit $<$, $>$, $\leq$ oder $\geq$ verbunden
Gleichungssysteme:	mehrere Gleichungen, die eine oder mehr Unbekannte enthalten und alle gleichzeitig erfüllt sein sollen
Äquivalenz:	Gleichwertigkeit zweier Mengen z.B. 3+4 = 3,5·2 $\Rightarrow$ beide Seiten haben den Wert 7, sind also gleich *mächtig*
Umformung:	die Veränderung einer Gleichung, indem man auf beiden Seiten

- den gleichen Term addiert oder subtrahiert
- mit dem gleichen Term ($\neq 0$) multipliziert
- durch den gleichen Term ($\neq 0$) dividiert

und so eine zur Ausgangsgleichung äquivalente Gleichung erstellt

Lösbarkeit: die Werte einer Variable, für die die Gleichung erfüllt ist, sind die Lösungen; die Menge aller Lösungen heißt Lösungsmenge $\mathbb{L}$; vereinfacht gesagt: man sucht alle Zahlen, die die Gleichung erfüllen es gibt folgende Fälle bei der Lösung einer Gleichung:

- keine Lösung $\mathbb{L}$, wenn eine falsche Aussage vorliegt, wie z.B. 5 = 6
- eine eindeutige Lösung $\mathbb{L} = \{5\}$, wenn z.B. $x = 5$
- unendlich viele Lösungen, die Lösungsmenge $\mathbb{L}$ entspricht der Definitionsmenge $\mathbb{D}$, wenn eine wahre Aussage wie 5 = 5 vorliegt

Aufgabe

A.2.2.1 Gegeben ist der Term $\frac{x-2y}{2x}$. Kreuze die dazu äquivalenten Terme an.

1. ○ $\frac{x}{x} + \frac{-2y}{x}$
2. ○ $0{,}5 - \frac{2y}{2x}$
3. ○ $\frac{x}{2x} + \frac{-2y}{2x}$
4. ○ $x - 2y : 2x$
5. ○ $\frac{2x}{x-2y}$

Lösungen

Notizen

3 (Un-)Gleichungen und LGS

3.1 Grundlagen

Grundmenge: die Zahlen, die für die Lösung der Gleichung grundsätzlich in Betracht kommen (meistens einfach $\mathbb{R}$).

Definitionsmenge: Grundmenge nach Abzug der Zahlen, die nicht die Lösung sein dürfen, z.B. $\frac{1}{1-x} \Rightarrow x$ darf hier nicht -1 sein, weil ja sonst im Nenner 0 stehen würde. Unsere Grundmenge ist, wenn nicht anders angegeben, ganz $\mathbb{R}$. Für unser Beispiel $\frac{1}{1-x}$ ergibt sich als Definitionsmenge $\mathbb{D} = \mathbb{R}\setminus\{-1\}$.

Du erinnerst dich sicher noch an die drei verschiedenen Lösbarkeitsfälle, die beim Lösen von Gleichungen grundsätzlich auftauchen können: eine, keine oder unendlich viele Lösungen. Hast du damit noch Schwierigkeiten, lies noch einmal im vorhergehenden Kapitel 2.2 nach.

Lösen einer Gleichung: man muss auf beiden Seiten einer Gleichung

- den gleichen Term addieren/subtrahieren
- mit dem gleichen Term ($\neq 0$) multiplizieren
- durch den gleichen Term ($\neq 0$) dividieren

Achtung! Bedenke beim Wurzelziehen, dass man sowohl negative als auch positive Lösungen bekommen kann, z.B.

$$x^2 = 16 \quad |\sqrt{} \quad \Rightarrow x_{1,2} = \sqrt{16}$$
$$x_1 = 4 \text{ und } x_2 = -4$$

Warum ist das so? Weil sowohl 4^2 als auch $(-4)^2$ ergeben die Zahl 16. Wir müssen hier also an beide Lösungsmöglichkeiten denken!

3.2 Lineare Gleichungen

Lineare Gleichungen sind Gleichungen ersten Grades, also Gleichungen in denen nur eine Variable in keiner höheren als der ersten Potenz vorkommt.

> Die allgemeine Form der linearen Gleichungen lautet
>
> $$ax + b = c,$$
>
> wobei a und b reelle Zahlen sind und $a \neq 0$ gilt.

Bei einem linearen Gleichungssystem kommt mehr als eine Variable vor, das behandeln wir aber in Kapitel 3.5.

Aufgaben

A.3.2.1 Herr Bauer produziert Glühbirnen. Seine Fixkosten betragen monatlich 1000 Euro und jede Glühbirne kostet ihn 1,20 Euro an Material. Stelle eine Gleichung auf, die den Zusammenhang an jährlichen Kosten (K) und der Anzahl an produzierten Glühbirnen (x) aufzeigt.

A.3.2.2 In anderen Ländern werden Längeneinheiten in Zoll und nicht wie bei uns in cm angegeben. Ein Zoll entspricht dabei 2,54 cm. Gib eine Formel an, die die Umrechnung von cm (c) in Zoll (z) ermöglicht. Berechne, wie viele cm 5 Zoll sind.

3.3 Quadratische Gleichungen

In quadratischen Gleichungen können eine oder mehrere Variablen eine zweite Potenz besitzen.

Die allgemeine Form lautet:

$$ax^2 + bx + c = d$$

Eine quadratische Gleichung, die du sicher kennst, ist die pq-Formel: $x^2 + px + q = 0$. Quadratische Gleichungen werden graphisch als Parabeln dargestellt.

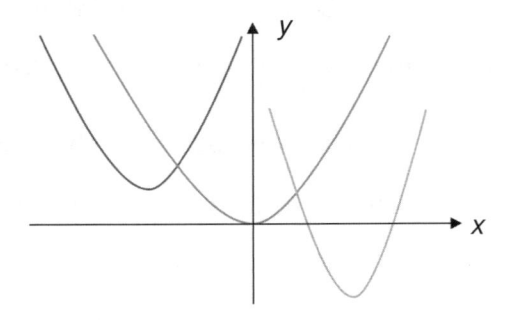

Es gibt ähnlich wie bei den linearen Gleichungen auch für quadratische Gleichungen drei Lösungsmöglichkeiten:

keine Lösung: Das ist der Fall, wenn z.B. eine negative Zahl unter der Wurzel steht. Das können wir in $\mathbb{R}$ nämlich nicht lösen. Beispiel: $x^2 = -2 \Rightarrow$ der nächste Schritt wäre das Wurzelziehen, dann stünde aber $x = \sqrt{-2}$ da, wofür es in $\mathbb{R}$ keine Lösung gibt.

Mithilfe der pq-Formel folgt:

$$0 = x^2 + px + q$$
$$\Rightarrow x_{1,2} = -\frac{p}{2} \pm \sqrt{\left(\frac{p}{2}\right)^2 - q}$$
$$\Rightarrow \left(\frac{p}{2}\right)^2 - q < 0$$

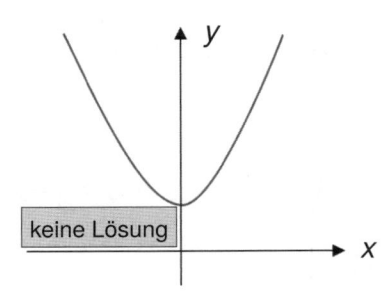

3.4 Lineare Ungleichungen

eine Lösung: Betrachten wir das obige Ergebnis für $x_{1,2}$. Wenn für den Ausdruck unter der Wurzel $\left(\frac{p}{2}\right)^2 - q = 0$ gilt, gibt es genau eine Lösung, weil der Wurzelausdruck damit 0 wird und wir somit

$$x_{1,2} = -\frac{p}{2} \pm \underbrace{\sqrt{\left(\frac{p}{2}\right)^2 - q}}_{=0} = -\frac{p}{2}$$

als Lösung stehen haben. Das Ergebnis könnte dann zum Beispiel $x_1 = 5$ lauten. Es gibt hier also nur genau eine richtige Lösung (in $\mathbb{R}$). Der dazugehörige Graph schneidet die x-Achse genau in einem Punkt. Er berührt sie mit dem Scheitel.

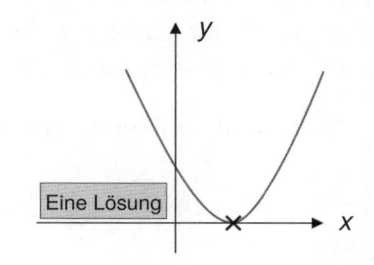

zwei Lösungen: Wenn zum Beispiel

$$x_{1,2} = -\frac{p}{2} \pm \sqrt{\left(\frac{p}{2}\right)^2 - q} \Rightarrow \left(\frac{p}{2}\right)^2 - q > 0$$

ist, dann kommen wir auf zwei Lösungen für x_1 und x_2, weil unter der Wurzel ein positiver Wert steht. Wir müssen hier Wurzelziehen, was, wie in Kapitel 3.1 schon erklärt, zu jeweils einem positiven und einem negativen Ergebnis führt. Zum Beispiel folgt aus $x^2 = 16$ das Ergebnis $x_1 = -4$ und $x_2 = 4$. Der Graph schneidet die x-Achse hier in zwei Punkten.

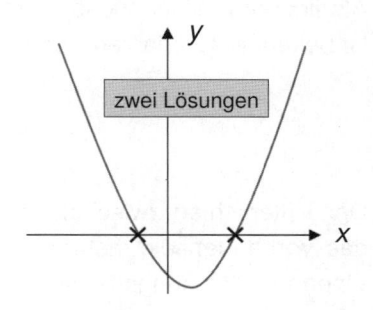

3.4 Lineare Ungleichungen

Lineare **Un**gleichungen sind im Grunde dasselbe wie lineare Gleichungen, mit einem kleinen Unterschied: Gleichungen besitzen ein =, während Ungleichungen mit $<$, $>$, $\leq$ oder $\geq$ verbunden sind. Wir fassen zusammen:

$x > y$	lies: x größer als y	$x < y$	lies: x kleiner als y
$x \geq y$	lies: x größer oder gleich y	$x \leq y$	lies: x kleiner oder gleich y

Ungleichung lösen

Beim Umformen von Ungleichen werden dieselben Äquivalenzregeln wie bei Gleichungen angewandt. Im Gegensatz zu linearen und quadratischen Gleichungen gibt es bei Ungleichungen mehrere oder unendlich viele Lösungen. Wir bilden sogenannte Lösungsmengen.

> **Vergiss bitte nicht, dass du beim Dividieren und Multiplizieren mit negativen Zahlen, das Ungleichzeichen umdrehen musst.**

Aufgaben

A.3.4.1 Gegeben ist die Ungleichung $-5x + 2 < 7$. Bestimme die Lösungsmenge.

A.3.4.2 Gegeben ist folgende Ungleichung: $7x - 3y \geq -9$. Welche/s der folgenden Zahlenpaare ist/sind Teil der Lösungsmenge dieser Ungleichung?

○ (0|3) ○ (2,83736483|6) ○ (1|1) ○ (2|9) ○ (π|8)

Lösungen

3.5 Lineare Gleichungssysteme

Weißt du noch was eine lineare Gleichung ist? Dabei handelt es sich um eine Gleichung ersten Grades, d.h. die Variable x kommt in keiner höheren als der ersten Potenz vor. Die Parameter a und b können reelle Zahlen annehmen, wobei $a \neq 0$ gilt.

> Die allgemeine Form einer linearen Gleichung lautet:
>
> $$ax + b = 0$$

Von einer linearen Gleichung zum Gleichungssystem

Als lineares Gleichungssystem bezeichnet man ein System linearer Gleichungen, die mehrere Unbekannte („Variablen") enthalten. Schauen wir uns dazu ein kleines Beispiel an:

$$3x_1 + 4x_2 = -1$$
$$2x_1 + 5x_2 = 3$$

Der Unterschied zwischen einer linearen Gleichung und einem linearen Gleichungssystem ist das Vorhandensein mehrerer Gleichungen und mehrerer Unbekannten. Im Zusammenhang mit **L**inearen **G**leichungs-**S**ystemen wird auch oft die Abkürzung „LGS" verwendet.

Allgemeine Form:

$$a_{11}x_1 + a_{12}x_2 + \cdots + a_{1n}x_n = b_1$$
$$a_{21}x_1 + a_{22}x_2 + \cdots + a_{2n}x_n = b_2$$
$$\vdots \qquad \vdots \qquad \quad \vdots$$
$$a_{m1}x_1 + a_{m2}x_2 + \cdots + a_{mn}x_n = b_m$$

Beispiel:

$$3x_1 - 2x_2 + 2x_3 = 1$$
$$-2x_1 + 5x_2 - 6x_3 = 0$$
$$4x_1 + 3x_2 - 2x_3 = 3$$

Gleichungssysteme mit m Gleichungen und n Unbekannten können folgendermaßen kategorisiert werden:

> - Quadratisches Gleichungssystem $m = n$, z.B. 3 Gleichungen und 3 Unbekannte
> - Unterbestimmtes Gleichungssystem $m < n$, z.B. 2 Gleichungen und 3 Unbekannte
> - Überbestimmtes Gleichungssystem $m > n$, z.B. 3 Gleichungen und 2 Unbekannte

Bei dem Thema lineare Gleichungssysteme geht es hauptsächlich darum diese zu lösen. Dazu bedient man sich sog. Lösungsverfahren, die dir bei der Ermittlung der Lösung helfen sollen. In der Schule beschäftigt man sich in der Regel mit folgenden Verfahren:

> - Additionsverfahren
> - Einsetzungsverfahren
> - Gleichsetzungsverfahren

Jedes Verfahren kann man zum Lösen von Gleichungssystemen nutzen. Jedoch ist das Additionsverfahren das Wichtigste, da für lineare Gleichungssysteme mit drei oder mehr Variablen systematische Lösungsverfahren genutzt werden sollten. Hier ist insbesondere das Gauß-Verfahren zu nennen, das auf einem Additionsverfahren beruht.

3.5 Lineare Gleichungssysteme

Es werden 3 Fälle für die Lösungen von Gleichungssystemen unterschieden:

(i) eine **eindeutige Lösung**, wenn z.B. als Lösung $x_1 = 5, x_2 = 4$ herauskommt.

(ii) **keine Lösung**, wenn z.B. als Lösung 3 = 4 eine falsche Aussage herauskommt.

(iii) **unendlich viele Lösungen**, wenn z.B. als Lösung 0 = 0 eine allgemeingültige Aussage herauskommt.

3.5.1 Einsetzungsverfahren

1. Auflösen einer Gleichung nach einer Variablen.
2. Diesen Term in die andere Gleichung einsetzen.
3. Auflösen der so entstandenen Gleichung nach der enthaltenen Variablen.
4. Einsetzen der Lösung in die Gleichung, die im 1. Schritt berechnet wurde, mit anschließender Berechnung der Variablen.

Beispiel für ein quadratisches Gleichungssystem mit 2 Gleichungen und 2 Unbekannten:

$$\begin{aligned} \text{I} \quad & 2x_1 + 3x_2 = 12 \\ \text{II} \quad & x_1 - x_2 = 1 \quad | + x_2 \end{aligned}$$

Gleichung II nach x_1 umformen: $x_1 = x_2 + 1$. Nun x_1 in Gleichung I einsetzen und nach der Unbekannten x_2 auflösen.

$$\begin{aligned} & 2(x_2 + 1) + 3x_2 = 12 \quad | \text{ zusammenfassen} \\ \Leftrightarrow \quad & 5x_2 + 2 = 12 \quad | - 2 \\ \Leftrightarrow \quad & 5x_2 = 10 \quad | : 5 \\ \Leftrightarrow \quad & x_2 = 2 \end{aligned}$$

Die Lösung $x_2 = 2$ in die umgeformte Gleichung $x_1 = x_2 + 1$ aus dem ersten Schritt einsetzen und so die andere Variable berechnen. Es folgt $x_1 = x_2 + 1 = 2 + 1 = 3$.

Einsetzungsverfahren

3.5.2 Gleichsetzungsverfahren

1. Auflösen beider Gleichungen nach der gleichen Variablen.
2. Gleichsetzen der anderen Seiten der Gleichung.
3. Auflösen der so entstandenen Gleichung nach der enthaltenen Variablen.
4. Einsetzen der Lösung in eine der umgeformten Gleichung aus Schritt 1 mit anschließender Berechnung der Variablen.

Beispiel für ein quadratisches Gleichungssystem mit 2 Gleichungen und 2 Unbekannten:

$$\begin{aligned} \text{I} \quad & 2x_1 + 3x_2 = 12 \\ \text{II} \quad & x_1 - x_2 = 1 \end{aligned}$$

Gleichsetzungsverfahren

Beide Gleichungen nach der selben Variable umformen, z.B. x_1.

$$\text{Ia} \quad x_1 = 6 - 1{,}5x_2$$
$$\text{IIa} \quad x_1 = x_2 + 1$$

Nun Gleichung Ia und IIa gleichsetzen, denn es gilt $x_1 = x_1$. Es folgt

$$6 - 1{,}5x_2 = x_2 + 1$$

Die entstandene Gleichung enthält nur noch die Unbekannte x_2. Durch Umformen erhalten wir die Lösung:

$$\begin{aligned} & 6 - 1{,}5x_2 = x_2 + 1 \quad |+1{,}5x_2 - 1 \\ \Leftrightarrow \quad & 5 = 2{,}5x_2 \quad |:2{,}5 \\ \Leftrightarrow \quad & 2 = x_2 \end{aligned}$$

Abschließend noch die Lösung in eine der umgeformten Gleichungen aus dem ersten Schritt (also in Ia oder IIa) einsetzen und die andere Variable berechnen. Wir setzen $x_2 = 2$ in IIa ein und erhalten: $x_1 = 2 + 1 = 3$.

3.5.3 Additionsverfahren

> 1. Entscheide, welche Unbekannte du eliminieren willst.
> 2. Überlege, was du tun musst, damit die Unbekannte wegfällt.
> 3. Berechne die Unbekannten.

Additions-
verfahren

Beispiel für ein quadratisches Gleichungssystem mit 2 Gleichungen und 2 Unbekannten:

$$\begin{aligned} \text{I} \quad & 2x_1 + 3x_2 = 12 \\ \text{II} \quad & x_1 - x_2 = 1 \end{aligned}$$

Entscheide, welche Unbekannte eliminiert werden soll!

- Möglichkeit 1: x_1 eliminieren, indem wir I$-$2·II rechnen.
- Möglichkeit 2: x_2 eliminieren, indem wir I$+$3·II rechnen.

Hier zeigen wir euch Möglichkeit 1:

$$\begin{aligned} \text{I} \quad & 2x_1 + 3x_2 = 12 \\ \text{II} \quad & x_1 - x_2 = 1 \quad |\cdot(-2) \end{aligned}$$

$$\begin{aligned} \text{I} \quad & 2x_1 + 3x_2 = 12 \\ \text{IIa} \quad & -2x_1 + 2x_2 = -2 \quad |\text{I}+\text{IIa} \end{aligned}$$

$$\begin{aligned} \text{I} \quad & 2x_1 + 3x_2 = 12 \\ \text{IIb} \quad & 5x_2 = 10 \quad \Rightarrow x_2 = 2 \end{aligned}$$

3.5 Lineare Gleichungssysteme

Zuletzt setzen wir $x_2 = 2$ in eine der beiden ursprünglichen Zeilen (also I oder II) ein, um x_1 zu berechnen. Wir setzen in II ein und erhalten:

$$x_1 - x_2 = 1 \quad \text{mit } x_2 = 2$$
$$\Rightarrow \quad x_1 - 2 = 1 \quad | +2$$
$$\Leftrightarrow \quad x_1 = 3$$

3.5.4 Gauß-Algorithmus

Gegeben sei das Gleichungssystem

$$\text{I} \quad x_1 - x_2 + 2x_3 = 0$$
$$\text{II} \quad -2x_1 + x_2 - 6x_3 = 0$$
$$\text{III} \quad x_1 - 2x_3 = 3$$

Gauß

Unter dem „Lösen linearer Gleichungssysteme" versteht man die Berechnung von Unbekannten - in diesem Fall von x_1, x_2 und x_3. Da zum Lösen eines Gleichungssystems meist mehrere Schritte notwendig sind, wird es irgendwann lästig, bei jedem Schritt das ganze Gleichungssystem nochmal abzuschreiben. Aus diesem Grund lassen wir die Unbekannten (x_1, x_2, x_3) weg und schreiben nur die Koeffizienten auf.

Statt

$$\text{I} \quad x_1 - x_2 + 2x_3 = 0$$
$$\text{II} \quad -2x_1 + x_2 - 6x_3 = 0$$
$$\text{III} \quad x_1 - 2x_3 = 3$$

schreiben wir

x_1	x_2	x_3	r.S.
1	−1	2	0
−2	1	−6	0
1	0	−2	3

Dabei steht „r.S." für die rechte Seite des Gleichungssystems, also der Teil rechts von dem Gleichheitszeichen. Wir erhalten die Koeffizientenschreibweise des LGS.

Ziel des Gauß-Algorithmus ist es, mit Hilfe von zeilenweisen Umformungen (dazu gleich mehr) unter der Hauptdiagonalen Nullen zu erzeugen. Was zunächst sehr abstrakt klingt, ist eigentlich gar nicht so schwierig. Nach einigen Umformungen sieht das Gleichungssystem so aus:

x_1	x_2	x_3	r.S.
1	−1	2	0
0	−1	−2	0
0	0	−6	3

Doch was hat uns diese Umformung gebracht? Erst wenn wir wieder unsere Unbekannten einfügen, wird deutlich, was uns diese Nullen bringen.

$$x_1 - x_2 + 2x_3 = 0$$
$$-x_2 - 2x_3 = 0$$
$$-6x_3 = 3$$

Ist das Gleichungssystem so umgeformt, dass unter der Hauptdiagonalen nur noch Nullen sind, kann man die Unbekannten ganz leicht berechnen.

> Wie komme ich aber auf die Nullen? Um die Nullen zu berechnen, darf man Zeilen
>
> - vertauschen
> - mit einer Zahl multiplizieren
> - durch eine Zahl dividieren
> - addieren
> - subtrahieren

Hier die schrittweise Lösung unseres Beispiels: Um in der 3. Zeile und in der 1. Spalte die Null zu erhalten, betrachten wir zunächst unser Ausgangsgleichungssystem.

$$\left.\begin{array}{rrr} 1 & -1 & 2 \\ -2 & 1 & -6 \\ 1 & 0 & -2 \end{array}\right| \begin{array}{r} 0 \\ 0 \\ 3 \end{array}$$

Scharfes Hinsehen verrät, dass wir von unserer dritten Zeile die erste Zeile abziehen können, um eine Null an der gewünschten Position zu erhalten. Ausführlich:

$$\begin{array}{rrr|rl} 1 & 0 & -2 & 3 & \text{3. Zeile} \\ 1 & -1 & 2 & 0 & \text{1. Zeile} \\ \hline 0 & 1 & -4 & 3 & \text{3. Zeile - 1. Zeile = 3. Zeile*} \end{array}$$

Unser Gleichungssystem sieht nach dem ersten Schritt also wie folgt aus:

$$\begin{array}{rrr|rl} 1 & -1 & 2 & 0 & \text{1. Zeile} \\ -2 & 1 & -6 & 0 & \text{2. Zeile} \\ 0 & 1 & -4 & 3 & \text{3. Zeile*} \end{array}$$

Das $*$ zeigt uns, das es sich um eine neue Zeile handelt. Um die Null in der 2. Zeile und 1. Spalte zu erhalten, addieren wir zu der 2. Zeile zweimal die 1. Zeile:

$$\begin{array}{rrr|rl} -2 & 1 & -6 & 0 & \text{2. Zeile} \\ 2 & -2 & 4 & 0 & 2 \cdot \text{1. Zeile} \\ \hline 0 & -1 & -2 & 0 & \text{2. Zeile + 2 · 1. Zeile = 2. Zeile*} \end{array}$$

Unser Gleichungssystem sieht nach dem zweiten Schritt also wie folgt aus:

$$\begin{array}{rrr|rl} 1 & -1 & 2 & 0 & \text{1. Zeile} \\ 0 & -1 & -2 & 0 & \text{2. Zeile*} \\ 0 & 1 & -4 & 3 & \text{3. Zeile*} \end{array}$$

3.5 Lineare Gleichungssysteme

Um die Null in der 3. Zeile* und 2. Spalte zu erhalten, addieren wir zu der 3. Zeile* die 2. Zeile* und es folgt

$$\begin{array}{rrr|rl} 1 & -1 & 2 & 0 & \text{1. Zeile} \\ & -1 & -2 & 0 & \text{2. Zeile*} \\ & & -6 & 3 & \text{3. Zeile**} \end{array}$$

Da die Nullen unter der Hauptdiagonalen berechnet sind, haben wir unser Ziel erreicht. Wie man jetzt die Unbekannten berechnet, wurde bereits oben erklärt. Merke:

- Reihenfolge bei der Berechnung der Nullen spielt eine wichtige Rolle.
- Zuerst muss man die beiden Nullen in der ersten Spalte berechnen - welche der beiden Nullen man zuerst berechnet, ist jedoch egal. Anschließend berechnet man die verbleibende Null in der zweiten Spalte.
- Falls in der ersten Zeile (der ersten Spalte!) bereits eine Null vorliegt, lohnt es sich die Zeilen entsprechend zu vertauschen, um sich die Berechnung einer Null zu sparen.

> **Tipp**
> Kläre unbedingt ab, ob und wie du mithilfe deines Taschenrechners oder GeoGebra Gleichungssysteme elektronisch lösen kannst. Du solltest die oben genannten Lösungswege natürlich zur Sicherheit auch immer händisch berechnen können, aber so erspart du dir bei der Prüfung einiges an Zeit und Nerven.

Aufgaben

A.3.5.1 Gegeben ist das Gleichungssystem:

$$\begin{aligned} \text{I} \quad & 3x - 7y = -8 \\ \text{II} \quad & ax + 14y = b \end{aligned}$$

Bestimme Werte für die Parameter a und b so, dass das Gleichungssystem unendlich viele Lösungen aufweist.

A.3.5.2 Löse folgende lineare Gleichungssysteme mit dem Additions- oder Gaußverfahren.

a)
$$\begin{aligned} \text{I} \quad & x_1 + x_2 + 2x_3 = 0 \\ \text{II} \quad & 2x_1 - 2x_2 + x_3 = -1 \\ \text{III} \quad & -2x_2 + 3x_3 = -5 \end{aligned}$$

b)
$$\begin{aligned} \text{I} \quad & x_1 + x_2 - x_3 = -3 \\ \text{II} \quad & 2x_1 + 3x_2 - x_3 = 0 \\ \text{III} \quad & -4x_1 - 2x_2 + x_3 = 4 \end{aligned}$$

c)
$$\begin{aligned} \text{I} \quad & 2x_1 - 2x_2 + 2x_3 + x_4 = 0 \\ \text{II} \quad & x_2 + 3x_3 - x_4 = -5 \\ \text{III} \quad & x_1 + x_2 - 2x_3 + x_4 = 9 \\ \text{IV} \quad & x_3 + x_4 = 3 \end{aligned}$$

Notizen

4 Vektoren

4.1 Punkte im Koordinatensystem ablesen

Zu einem beliebigen Punkt im dreidimensionalen Raum $(x_1|x_2|x_3)$ bzw. $(x|y|z)$, z.B. $P(6|7|4)$, gelangt man, indem man vom Nullpunkt des Koordinatensystems 6 Einheiten in x-Richtung, 7 Einheiten in y-Richtung und dann 4 Einheiten in z-Richtung geht. Hier noch besondere Punkte:

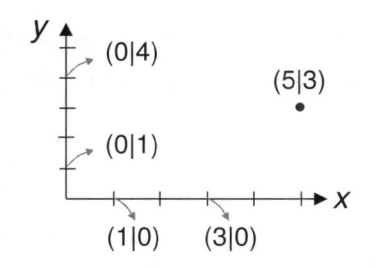

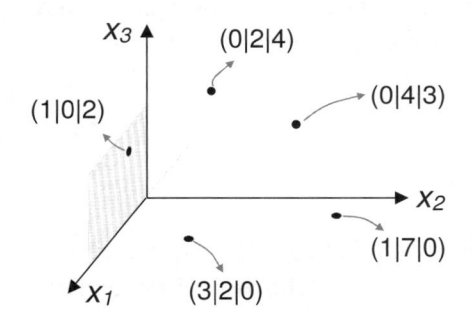

Punkte in 2D

Punkte in 3D

2-Dimensional:

- Alle Punkte auf der y-Achse haben den x-Wert 0! $P(0|y)$
- Alle Punkte auf der x-Achse haben den y-Wert 0! $P(x|0)$

3-Dimensional:

- Alle Punkte in der x_1x_2-Ebene haben den x_3-Wert 0! $P(x_1|x_2|0)$
- Alle Punkte in der x_1x_3-Ebene haben den x_2-Wert 0! $P(x_1|0|x_3)$
- Alle Punkte in der x_2x_3-Ebene haben den x_1-Wert 0! $P(0|x_2|x_3)$

4.2 Vom Punkt zum Vektor

Ein Vektor $\overrightarrow{AB}$ bezeichnet eine Verschiebung in der Ebene oder im Raum. Aus zwei Punkten im 3-dimensionalem Raum $A(a_1|a_2|a_3)$ und $B(b_1|b_2|b_3)$ erhält man den Vektor

$$\overrightarrow{AB} = \begin{pmatrix} b_1 - a_1 \\ b_2 - a_2 \\ b_3 - a_3 \end{pmatrix}$$

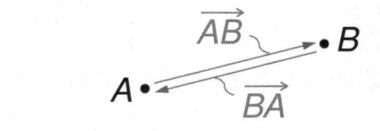

Vektor Definition

Grafisch wird der Vektor durch einen Pfeil dargestellt, der vom Punkt A zum Punkt B zeigt. Der Vektor $\overrightarrow{BA}$ zeigt in die entgegengesetzte Richtung und ist genauso lang wie $\overrightarrow{AB}$.

4.3 Unterschied Ortsvektor/Richtungsvektor

Ist $O(0|0)$ der Koordinatenursprung und $P(5|2)$ ein Punkt, so heißt der Vektor

$$\overrightarrow{OP} = \vec{p} = \begin{pmatrix} 5 - 0 \\ 2 - 0 \end{pmatrix} = \begin{pmatrix} 5 \\ 2 \end{pmatrix}$$

Orts- und Richtungsvektor

Ortsvektor zum Punkt P.

Ortsvektor zum Punkt P

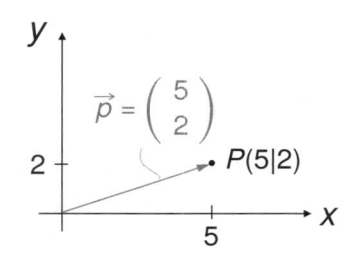

Richtungsvektor von Punkt A zu B

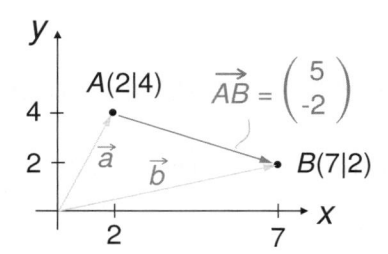

Richtungsvektoren können jeden Punkt als Startpunkt haben, während Ortsvektoren immer vom Koordinatenursprung ausgehen. Der Richtungsvektor zwischen $A(2|4)$ und $B(7|2)$ lautet z.B.:

$$\overrightarrow{AB} = \vec{b} - \vec{a} = \begin{pmatrix} 7 - 2 \\ 2 - 4 \end{pmatrix} = \begin{pmatrix} 5 \\ -2 \end{pmatrix}$$

Zwei Richtungsvektoren sind identisch, wenn sie gleich lang sind und die gleiche Richtung haben. Im dreidimensionalem Raum werden Orts- und Richtungsvektoren genau wie im zweidimensionalen aufgestellt. Einziger Unterschied ist die zusätzliche Koordinate x_3 (oder z).

4.4 Länge eines Vektors

Länge (Betrag) eines Vektors

In kartesischen Koordinaten kann die Länge von Vektoren nach dem Satz des Pythagoras berechnet werden. Gegeben sei Vektor $\vec{a} = (2\ 1\ 4)^T$ - Hinweis: Schreibweise mit „hoch T" (Transponierte einer Matrix) ist oft platzsparender! Bitte nicht verzweifeln, es gilt:

$$\vec{a} = (2\ 1\ 4)^T = \begin{pmatrix} 2 \\ 1 \\ 4 \end{pmatrix},$$

dann wird die Länge über $|\vec{a}| = \sqrt{2^2 + 1^2 + 4^2}$ bestimmt. Oder allgemein mit

$$a = |\vec{a}| = \sqrt{a_1^2 + a_2^2 + a_3^2}.$$

Alternativ kann die Länge auch als die Wurzel des Skalarprodukts angeben werden:

$$a = |\vec{a}| = \sqrt{\vec{a} \cdot \vec{a}}.$$

Vektoren der Länge 1 heißen Einheitsvektoren oder normierte Vektoren.
Hat ein Vektor die Länge 0, so handelt es sich um den Nullvektor.

4.5 Rechnen mit Vektoren

Addieren/Subtrahieren:

Rechenregel gilt für + und −, kurz: ±

$$\vec{a} \pm \vec{b} = \begin{pmatrix} a_1 \\ a_2 \\ a_3 \end{pmatrix} \pm \begin{pmatrix} b_1 \\ b_2 \\ b_3 \end{pmatrix} = \begin{pmatrix} a_1 \pm b_1 \\ a_2 \pm b_2 \\ a_3 \pm b_3 \end{pmatrix}$$

z.B. $\begin{pmatrix} 2 \\ -1 \\ 5 \end{pmatrix} + \begin{pmatrix} 8 \\ 1 \\ -3 \end{pmatrix} = \begin{pmatrix} 2 + 8 \\ -1 + 1 \\ 5 + (-3) \end{pmatrix} = \begin{pmatrix} 10 \\ 0 \\ 2 \end{pmatrix}$

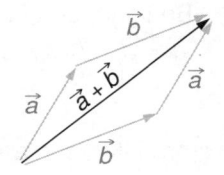

Multiplikation mit Zahl: Länge des Vektors ändert sich! Richtung bleibt gleich.

$$2 \cdot \begin{pmatrix} 2 \\ 2 \\ 2 \end{pmatrix} = \begin{pmatrix} 2 \cdot 2 \\ 2 \cdot 2 \\ 2 \cdot 2 \end{pmatrix} = \begin{pmatrix} 4 \\ 4 \\ 4 \end{pmatrix}$$

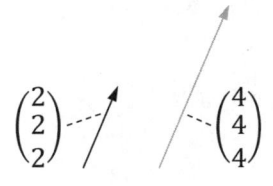

Skalarprodukt

Das *Skalarprodukt* (auch inneres Produkt, selten Punktprodukt genannt) ist eine mathematische Verknüpfung, die zwei Vektoren eine Zahl (Skalar) zuordnet. Um es nicht mit dem Malzeichen „·" zu verwechseln, benutzen wir im Folgenden für das Skalarprodukt „•". Es wird für die Berechnung von Winkeln zwischen Vektoren benutzt.

Allgemeines Rechenbeispiel für Vektoren des $\mathbb{R}^3$:

$$\vec{a} \bullet \vec{b} = \begin{pmatrix} a_1 \\ a_2 \\ a_3 \end{pmatrix} \bullet \begin{pmatrix} b_1 \\ b_2 \\ b_3 \end{pmatrix} = a_1 \cdot b_1 + a_2 \cdot b_2 + a_3 \cdot b_3$$

Jetzt mal als Zahlenbeispiel:

1) $\begin{pmatrix} 2 \\ 1 \\ 3 \end{pmatrix} \bullet \begin{pmatrix} 1 \\ 4 \\ 1 \end{pmatrix} = 2 \cdot 1 + 1 \cdot 4 + 3 \cdot 1 = 9$ 2) $\begin{pmatrix} 2 \\ 0 \\ 1 \end{pmatrix} \bullet \begin{pmatrix} -1 \\ 2 \\ 2 \end{pmatrix} = -2 + 0 + 2 = 0$

Wenn die 0 raus kommt, dann stehen die beiden Vektoren normal (auch orthogonal genannt) aufeinander!

Wofür wir das Skalarprodukt brauchen:

- Winkelberechnung zwischen Vektoren in der Ebene (2D):
$$\cos(\alpha) = \frac{\vec{a} \bullet \vec{b}}{|\vec{a}| \cdot |\vec{b}|} = \frac{a_1 \cdot b_1 + a_2 \cdot b_2}{\sqrt{a_1^2 + a_2^2} \cdot \sqrt{b_1^2 + b_2^2}}$$

- Winkelberechnung zwischen Vektoren im Raum (3D):
$$\cos(\alpha) = \frac{\vec{a} \bullet \vec{b}}{|\vec{a}| \cdot |\vec{b}|} = \frac{a_1 \cdot b_1 + a_2 \cdot b_2 + a_3 \cdot b_3}{\sqrt{a_1^2 + a_2^2 + a_3^2} \cdot \sqrt{b_1^2 + b_2^2 + b_3^2}}$$

- Prüfung, ob Orthogonalität vorliegt:
Wenn $\vec{a}$ und $\vec{b}$ orthogonal sind, dann gilt: $\vec{a} \bullet \vec{b} = 0$.

- Ermittlung eines Normalenvektors:
Bedingungen für einen Normalenvektor $\vec{n}$ von $\vec{a}$ und $\vec{b}$ sind:
$\vec{n} \bullet \vec{a} = 0$ und $\vec{n} \bullet \vec{b} = 0$

Winkel zwischen 2 Vektoren

Kreuzprodukt/Vektorprodukt

Das *Kreuzprodukt* der Vektoren $\vec{a}$ und $\vec{b}$ ist ein Vektor, der senkrecht auf der von den beiden Vektoren aufgespannten Ebene steht und mit ihnen einen 3-dimensionalen Raum bildet.

Kreuzprodukt

Allgemein gilt:
$$\vec{a} \times \vec{b} = \begin{pmatrix} a_1 \\ a_2 \\ a_3 \end{pmatrix} \times \begin{pmatrix} b_1 \\ b_2 \\ b_3 \end{pmatrix} = \begin{pmatrix} a_2 \cdot b_3 - a_3 \cdot b_2 \\ a_3 \cdot b_1 - a_1 \cdot b_3 \\ a_1 \cdot b_2 - a_2 \cdot b_1 \end{pmatrix}$$

Zahlenbeispiel:

$$\begin{pmatrix} 2 \\ 3 \\ 4 \end{pmatrix} \times \begin{pmatrix} 1 \\ -2 \\ 3 \end{pmatrix} = \begin{pmatrix} 3 \cdot 3 - 4 \cdot (-2) \\ 4 \cdot 1 - 2 \cdot 3 \\ 2 \cdot (-2) - 3 \cdot 1 \end{pmatrix} = \begin{pmatrix} 17 \\ -2 \\ -7 \end{pmatrix}$$

Der Betrag des Kreuzprodukts entspricht dem Flächeninhalt des Parallelogramms, das von den Vektoren $\vec{a}$ und $\vec{b}$ aufgespannt wird.

Um zu überprüfen, ob wir richtig gerechnet haben, müsste das Skalarprodukt vom Vektor des Kreuzproduktes mit den zwei einzelnen Vektoren jeweils 0 ergeben:

$$\begin{pmatrix} 17 \\ -2 \\ -7 \end{pmatrix} \bullet \begin{pmatrix} 2 \\ 3 \\ 4 \end{pmatrix} = 34 - 6 - 28 = 0 \ \checkmark \quad \text{und} \quad \begin{pmatrix} 17 \\ -2 \\ -7 \end{pmatrix} \bullet \begin{pmatrix} 1 \\ -2 \\ 3 \end{pmatrix} = 17 + 4 - 21 = 0 \ \checkmark$$

4.6 Lineare Abhängigkeit und Unabhängigkeit

Aufgaben

A.4.5.1 Gegeben sind die beiden Vektoren $\vec{a} = (5\ 2)^T$ und $\vec{b} = (7{,}5\ x)^T$. Gib jeweils einen Wert für x an, damit die beiden Vektoren i) parallel ii) normal zueinander sind!

A.4.5.2 Ein Spezialladen für Bohrer führt 5 verschiedene Modelle. Der reguläre Preis der Geräte wird durch den Vektor $\vec{p}_1$ dargestellt. Die Anzahl der vorhandenen Modelle durch den Vektor $\vec{m}_1$ und die Anzahl der am Tag verkauften Modelle durch den Vektor $\vec{m}_2$. Das Unternehmen macht eine Rabattaktion und gewährt ˜20% auf alle Geräte. Interpretiere den Ausdruck $(\vec{m}_1 - \vec{m}_2) \cdot 0{,}8\vec{p}_1$.

4.6 Lineare Abhängigkeit und Unabhängigkeit

Bevor wir uns angucken, wie man lineare Abhängigkeit bzw. Unabhängigkeit nachweist, soll uns die folgende Abbildung zunächst einen Überblick geben, was für Fälle auftreten können. Wichtige Begriffe hierbei: *Kollinear* und *Komplanar*.

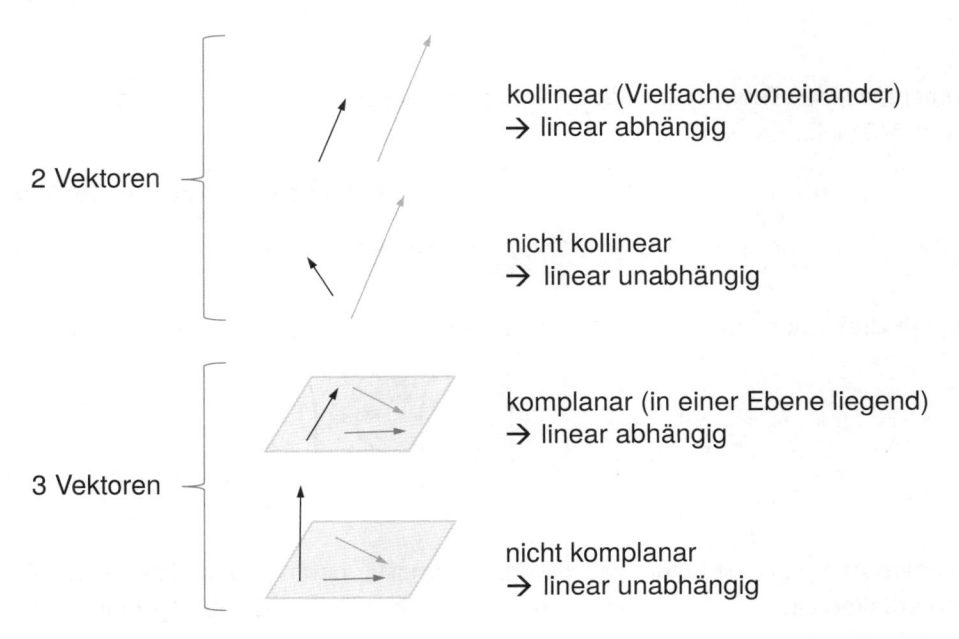

2 Vektoren
- kollinear (Vielfache voneinander) → linear abhängig
- nicht kollinear → linear unabhängig

3 Vektoren
- komplanar (in einer Ebene liegend) → linear abhängig
- nicht komplanar → linear unabhängig

Wenn wir also nachweisen, dass zwei Vektoren kollinear bzw. drei Vektoren komplanar sind, wissen wir, dass die Vektoren linear abhängig sind.

Beispiel mit zwei Vektoren: Die zwei Vektoren $\vec{a}$ und $\vec{b}$ sind linear abhängig, da sie Vielfache voneinander sind (kollinear). Es gilt:

$$2 \cdot \begin{pmatrix} 2 \\ 2 \\ 2 \end{pmatrix} = \begin{pmatrix} 4 \\ 4 \\ 4 \end{pmatrix}$$

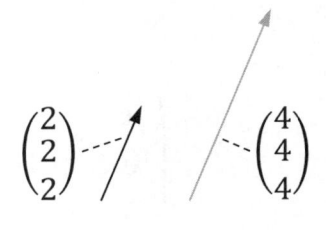

Allgemeiner Ansatz bei der Untersuchung von zwei Vektoren aus $\mathbb{R}^2$:

$$\vec{a} = r \cdot \vec{b} \Rightarrow \begin{pmatrix} 4 \\ 4 \\ 4 \end{pmatrix} = r \cdot \begin{pmatrix} 2 \\ 2 \\ 2 \end{pmatrix} \Leftrightarrow \begin{matrix} 4 = 2r \\ 4 = 2r \\ 4 = 2r \end{matrix} \Leftrightarrow \begin{matrix} 2 = r \\ 2 = r \\ 2 = r \end{matrix}$$

Nun prüft man zeilenweise die Einträge und bestimmt jeweils r. Mögliche Lösungen:

- Wenn unterschiedliche Werte für r rauskommen, dann sind die Vektoren nicht kollinear und damit linear unabhängig.
- Wenn für r überall das Gleiche rauskommt, dann sind die Vektoren kollinear und linear abhängig.

Wenn wir zeigen müssen, ob drei Vektoren $\vec{a}$, $\vec{b}$ und $\vec{c}$ aus $\mathbb{R}^3$ linear abhängig sind oder nicht, sehen wir entweder auf Anhieb, ob sich einer der Vektoren aus den anderen Vektoren darstellen lässt (komplanar), siehe dazu das Beispiel mit zwei Vektoren, oder wir arbeiten mit dem allgemeinen Ansatz, welcher immer zum Erfolg führt:

$$r \cdot \vec{a} + s \cdot \vec{b} + t \cdot \vec{c} = \vec{0}$$

Die zu untersuchende Gleichung ist äquivalent zu einem LGS, das man mit dem Gauß-Verfahren lösen kann. Mögliche Ergebnisse:

- $r = s = t = 0$, dann sind die Vektoren nicht komplanar und damit linear unabhängig
- Wahre Aussage, z.B. $0 = 0$, dann sind die Vektoren komplanar und linear abhängig

Beispiel mit 3 Vektoren

Beispiel mit drei Vektoren: Gegeben sind die Vektoren

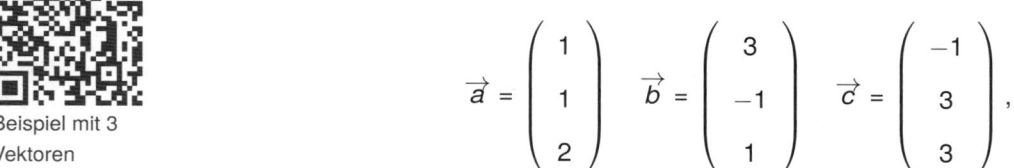

$$\vec{a} = \begin{pmatrix} 1 \\ 1 \\ 2 \end{pmatrix} \quad \vec{b} = \begin{pmatrix} 3 \\ -1 \\ 1 \end{pmatrix} \quad \vec{c} = \begin{pmatrix} -1 \\ 3 \\ 3 \end{pmatrix},$$

die auf lineare Abhängigkeit untersucht werden sollen. Wir nehmen den allgemeinen Ansatz zur Hand und erhalten ein LGS, welches wir an dieser Stelle mit dem Gauß-Algorithmus (siehe Kap. LGS lösen) lösen:

$$r \cdot \vec{a} + s \cdot \vec{b} + t \cdot \vec{c} = \vec{0} \Rightarrow \begin{matrix} I \\ II \\ III \end{matrix} \left(\begin{array}{ccc|c} 1 & 3 & -1 & 0 \\ 1 & -1 & 3 & 0 \\ 2 & 1 & 3 & 0 \end{array} \right) \begin{matrix} \\ II - I \\ III - 2 \cdot I \end{matrix}$$

$$\Rightarrow \left(\begin{array}{ccc|c} 1 & 3 & -1 & 0 \\ 0 & -4 & 4 & 0 \\ 0 & -5 & 5 & 0 \end{array} \right) \begin{matrix} \\ \\ III - 5/4 \cdot II \end{matrix} \Rightarrow \left(\begin{array}{ccc|c} 1 & 3 & -1 & 0 \\ 0 & -4 & 4 & 0 \\ 0 & 0 & 0 & 0 \end{array} \right)$$

4.7 Parameterdarstellung einer Geraden

Interpretation des Ergebnisses: Da eine Nullzeile vorliegt, besitzt das LGS unendlich viele Lösungen. Hättet ihr das LGS mit einem anderem Verfahren aufgelöst, wäre eine wahre Aussage wie z.B. 0 = 0 rausgekommen, was das gleiche bedeutet. Infolgedessen sind die Vektoren $\vec{a}$, $\vec{b}$ und $\vec{c}$ linear abhängig!

> **Merke beim Gauß-Verfahren:**
>
> - **Nullzeile = Lineare Abhängigkeit**
> - **keine Nullzeile = Lineare Unabhängigkeit**

4.7 Parameterdarstellung einer Geraden

> Die Gleichung einer Geraden g durch die Punkte A und B mit den Ortsvektoren $\vec{a}$ und $\vec{b}$ lautet:
>
> $$g : \vec{x} = \vec{a} + t \cdot \vec{u}, \quad t \in \mathbb{R},$$
>
> wobei $\vec{u} = \vec{b} - \vec{a}$ der Richtungsvektor zwischen den Punkten A und B sowie t eine beliebige reelle Zahl, unser Parameter, ist.

Parameterform

$$g : \vec{x} = \begin{pmatrix} 2 \\ 2 \end{pmatrix} + t \cdot \begin{pmatrix} 7 \\ 2 \end{pmatrix}, \; t \in \mathbb{R}$$

$$g : \vec{x} = \begin{pmatrix} 2 \\ 2 \\ 4 \end{pmatrix} + t \cdot \begin{pmatrix} 8 \\ 8 \\ 6 \end{pmatrix}, \; t \in \mathbb{R}$$

Da diese Gleichung den Parameter t enthält, spricht man von der Parameterform einer Geradengleichung. Durchläuft t alle reellen Zahlen, erhält man jeden Punkt der Geraden g (gestrichelte Linie). Der Vektor $\vec{a}$ heißt Ortsvektor (auch Stützvektor oder Pin), der Vektor $\vec{u}$ heißt Richtungsvektor.

Punktprobe Gerade

Eine Punktprobe wird durchgeführt, indem man die Koordinaten des Punktes in die Gleichung der Geraden einsetzt. Erfüllt der Punkt die Gleichung, d.h. entsteht eine wahre Aussage, so liegt der Punkt auf der Geraden. Entsteht eine falsche Aussage, so liegt der Punkt nicht auf der Geraden.

Somit ist es möglich, am Ende einer Rechnung zu überprüfen, ob zum Beispiel ein berechneter Schnittpunkt zweier Geraden tatsächlich auf beiden Geraden liegt.

Punktprobe

Beispiel Liegt der Punkt $Q(8|3|5)$ auf der Geraden h mit der Parametergleichung

$$h : \vec{x} = \begin{pmatrix} 2 \\ 0 \\ 4 \end{pmatrix} + t \cdot \begin{pmatrix} 3 \\ -1 \\ 2 \end{pmatrix}, t \in \mathbb{R}?$$

Für den Vektor $\vec{x}$ setzt man den Ortsvektor zu Punkt Q ein und löst zeilenweise nach dem Parameter t auf.

$$\begin{pmatrix} 8 \\ 3 \\ 5 \end{pmatrix} = \begin{pmatrix} 2 \\ 0 \\ 4 \end{pmatrix} + t \cdot \begin{pmatrix} 3 \\ -1 \\ 2 \end{pmatrix} \Rightarrow \begin{matrix} 8 = 2 + 3t & t = 2 \\ 3 = 0 - t & \Leftrightarrow t = -3 \\ 5 = 4 + 2t & t = 0{,}5 \end{matrix}$$

Da sich in der ersten Zeile $t = 2$ ergibt, gleichzeitig die zweite Zeile aber $t = -3$ liefert, gibt es einen Widerspruch. Somit liegt der Punkt Q nicht auf der Geraden h. Wenn wir für alle t's den gleichen Wert rausbekommen hätten, wäre das eine wahre Aussage und der Punkt würde auf der Geraden liegen.

4.8 Verschiedene Formen der Geradengleichung

> Folgende Formen der Gerade sollten bekannt sein:
>
> - **Hauptform**: $y = k \cdot x + d$
> - **Allgemeine Geradengleichung**: $ax + by = c$
> - **Parameterdarstellung**: $g : \vec{x} = \vec{a} + t \cdot \vec{u}$ oder auch $X = A + t \cdot \vec{AB}$

Zudem solltet ihr die unterschiedlichen Formen umwandeln können. Das erleichtert teilweise die Bearbeitung unterschiedlicher Aufgaben.

Von der Parameterdarstellung zur allgemeinen Geradengleichung

Man formt aus der Parameterdarstellung zwei Gleichungen, in dem man die *obere* und *untere* Reihe getrennt anschreibt. **Beispiel** Gegeben ist die Gerade

$$g : \vec{x} = \begin{pmatrix} x \\ y \end{pmatrix} = \begin{pmatrix} 1 \\ 2 \end{pmatrix} + t \cdot \begin{pmatrix} 4 \\ -3 \end{pmatrix},$$

welche in die allgemeine Geradengleichung überführt werden soll. Es folgt:

$$\Rightarrow \begin{matrix} \text{obere Reihe I:} & x = 1 + 4t \\ \text{untere Reihe II:} & y = 2 - 3t \end{matrix}$$

Wir eliminieren den Parameter t, in dem wir $3 \cdot \text{I} + 2 \cdot \text{II}$ und erhalten mit $3x + 4y = 11$ die gesuchte allgemeine Geradengleichung.

4.8 Verschiedene Formen der Geradengleichung

Aus der allgemeinen Geradengleichung lässt sich auch ganz leicht der Normalvektor der Geraden ablesen.

Der Normalvektor der Gerade $3x + 4y = 11$ lautet $\begin{pmatrix} 3 \\ 4 \end{pmatrix}$.

$$\textcircled{3}x + \textcircled{4}y = 11 \quad \begin{pmatrix} 3 \\ 4 \end{pmatrix}$$

Von der Parameterdarstellung zur Hauptform

Hierzu wandeln wir wie oben schon beschrieben die Parameterdarstellung in eine allgemeine Geradengleichung um. Anschließend müssen wir nur noch nach y umformen:

$$\begin{aligned} 3x + 4y &= 11 &&|-3x \\ \Leftrightarrow 4y &= 11 - 3x &&|:4 \\ \Leftrightarrow y &= \tfrac{11}{4} - \tfrac{3}{4}x \end{aligned}$$

Von der allgemeinen Geradengleichung zur Parameterdarstellung

Zwischen Hauptform und allgemeiner Geradengleichung hin und her zu wechseln ist, wie wir schon gesehen haben, sehr einfach. Um von der allgemeinen Geradengleichung zur Parameterdarstellung zu kommen, müssen wir den Normalvektor in einen Richtungsvektor umwandeln und anschließend nur noch die Koordinaten des Punktes durch Einsetzen von passenden Zahlen in die Variablen herausfinden. Am einfachsten geht das, wenn wir einfach eine der Variablen Null setzen.

Beispiel Aus der Gerade

$$3x + 4y = 11 \quad \Rightarrow \quad \vec{n} = \begin{pmatrix} 3 \\ 4 \end{pmatrix}, \quad \vec{a} = \begin{pmatrix} 4 \\ -3 \end{pmatrix}$$

können wir den Richtungsvektor der Geraden bestimmen. Der Stützvektor folgt mit $x = 0$ aus

$$3 \cdot 0 + 4 \cdot y = 11 \Leftrightarrow y = 2{,}75 \Rightarrow A = \begin{pmatrix} 0 \\ 2{,}75 \end{pmatrix}$$

und die gesuchte Gleichung lautet: $\vec{x} = \begin{pmatrix} 0 \\ 2{,}75 \end{pmatrix} + t \cdot \begin{pmatrix} 4 \\ -3 \end{pmatrix}$.

Aufgabe

A.4.8.1 Gegeben ist folgende Parameterdarstellung:

$$g: \vec{x} = \begin{pmatrix} 2 \\ 5 \end{pmatrix} + t \cdot \begin{pmatrix} -2 \\ 2 \end{pmatrix}$$

Stelle diese Gerade in einer allgemeinen Geradengleichung dar und lies den Normalvektor ab!

4.9 Lagebeziehungen

Jede Gerade lässt sich im $\mathbb{R}^3$ durch eine Gleichung der Form

$$g: \vec{x} = \begin{pmatrix} a_1 \\ a_2 \\ a_3 \end{pmatrix} + t \cdot \begin{pmatrix} u_1 \\ u_2 \\ u_3 \end{pmatrix}, \quad t \in \mathbb{R}$$

darstellen.

Besondere Lagen in $\mathbb{R}^3$

Besondere Lagen ergeben sich, wenn der Stützvektor und der Richtungsvektor Nullen und Einsen als Koordinaten haben. So ist z.B. eine Gerade mit

- $a_1 = a_2 = a_3 = 0$ eine Ursprungsgerade

- $u_2 = u_3 = 0$ eine Parallele zur x_1-Achse

- $u_1 = 0$ eine Parallele zur $x_2 x_3$-Ebene

- $u_1 = u_2 = 1, u_3 = 0$ eine Parallele zu einer der Winkelhalbierenden zwischen der x_1-Achse und der x_2-Achse

- $u_1 = u_2 = u_3 = 1$ eine Gerade, die zu jeder Achse einen Winkel von 45° hat

Lage Gerade - Gerade

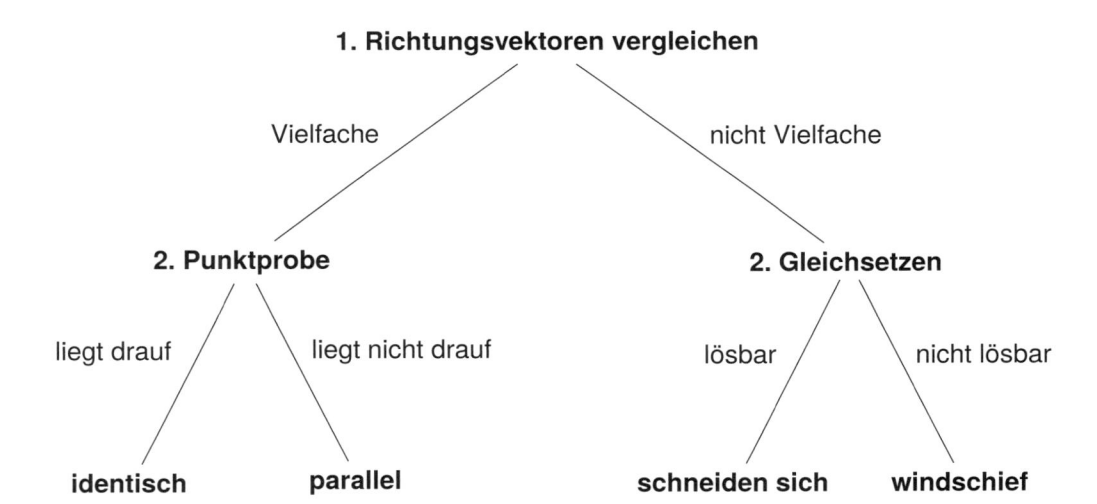

Lage 2er Geraden

```
                    1. Richtungsvektoren vergleichen
                   /                                \
              Vielfache                          nicht Vielfache
                /                                      \
       2. Punktprobe                              2. Gleichsetzen
        /          \                               /          \
  liegt drauf   liegt nicht drauf              lösbar      nicht lösbar
      /              \                           /              \
  identisch       parallel                schneiden sich    windschief
```

Sonderfall: g und h schneiden sich und sind orthogonal. Prüfung auf Orthogonalität: Skalarprodukt der Richtungsvektoren ist Null. Schauen wir uns zum besseren Verständnis ein paar **Beispiele** an.

4.9 Lagebeziehungen

1. Untersuche die Lage der Geraden g und h mit

$$g: \vec{x} = \begin{pmatrix} 2 \\ 0 \\ 2 \end{pmatrix} + t \cdot \begin{pmatrix} 1 \\ 2 \\ 1 \end{pmatrix} \quad \text{und} \quad h: \vec{x} = \begin{pmatrix} 4 \\ 4 \\ 4 \end{pmatrix} + s \cdot \begin{pmatrix} -1 \\ -2 \\ -1 \end{pmatrix}.$$

Zuerst prüfen wir die Richtungsvektoren der beiden Geraden auf Kollinearität, also ob sie Vielfache voneinander sind. Wir sehen, dass sich der Richtungsvektor der Geraden g aus dem von h ergibt, wenn dieser mit -1 multipliziert wird. Wer nicht das allsehende Auge hat, kann den Ansatz $\vec{u} = r \cdot \vec{v}$ wählen und erhält:

$$\begin{pmatrix} 1 \\ 2 \\ 1 \end{pmatrix} = -1 \cdot \begin{pmatrix} -1 \\ -2 \\ -1 \end{pmatrix} \quad \text{bzw.} \quad \begin{array}{rclcl} 1 & = & r \cdot (-1) & \Rightarrow & r = -1 \\ 2 & = & r \cdot (-2) & \Rightarrow & r = -1 \\ 1 & = & r \cdot (-1) & \Rightarrow & r = -1 \end{array}$$

Wenn r in allen Zeilen den gleichen Wert annimmt, sind die Richtungsvektoren kollinear. Denkt an den Abschnitt zu linearer Unabhängigkeit! Da die Werte von r in diesem Fall gleich sind, handelt es sich entweder um identische oder parallele Geraden. Um das entscheiden zu können, machen wir eine Punktprobe und setzen z.B. den Ortsvektor von h in g ein:

$$\begin{pmatrix} 4 \\ 4 \\ 4 \end{pmatrix} = \begin{pmatrix} 2 \\ 0 \\ 2 \end{pmatrix} + t \cdot \begin{pmatrix} 1 \\ 2 \\ 1 \end{pmatrix} \Rightarrow \begin{array}{rclcl} 4 & = & 2 + t \cdot 1 & \Rightarrow & t = 2 \\ 4 & = & 0 + t \cdot 2 & \Rightarrow & t = 2 \\ 4 & = & 2 + t \cdot 1 & \Rightarrow & t = 2 \end{array}$$

Wenn t in allen Zeilen den gleichen Wert annimmt, liegt der Ortsvektor von h auf der Geraden g und damit handelt es sich in diesem Fall um identische Geraden. Merke: Kommt an dieser Stelle nicht überall der gleiche Wert für t raus, handelt es sich um parallele Geraden!

2. Untersuche die Lage der Geraden g und h mit

$$g: \vec{x} = \begin{pmatrix} -3 \\ -4 \\ -1 \end{pmatrix} + t \cdot \begin{pmatrix} 2 \\ 2 \\ 1 \end{pmatrix} \quad \text{und} \quad h: \vec{x} = \begin{pmatrix} 4 \\ 3 \\ 1 \end{pmatrix} + s \cdot \begin{pmatrix} -1 \\ -1 \\ 1 \end{pmatrix}.$$

Wir prüfen zunächst, ob die Richtungsvektoren Vielfache voneinander sind:

$$\vec{u} = r \cdot \vec{v} \Rightarrow \begin{array}{rclcl} 2 & = & r \cdot (-1) & \Rightarrow & r = -2 \\ 2 & = & r \cdot (-1) & \Rightarrow & r = -2 \\ 1 & = & r \cdot 1 & \Rightarrow & r = 1 \end{array}$$

Da nicht in allen Zeilen der gleiche Wert für r rauskommt, sind die Richtungsvektoren nicht kollinear. Damit handelt es sich entweder um zwei sich schneidende oder windschiefe Geraden. Das überprüfen wir, indem wir die beiden Geradengleichungen gleichsetzen. Wir erhalten ein LGS, welches wir mit den uns bekannten Verfahren auflösen. Das Ergebnis lautet:

$$\begin{aligned} -3 + 2t &= 4 - s \\ -4 + 2t &= 3 - s \quad \Rightarrow \quad t = 3, s = 1 \\ -1 + t &= 1 + s \end{aligned}$$

Setzen wir die Werte von t und s nun in oberste Gleichung ein, erhalten wir die wahre Aussage $3 = 3$. Da die Aussage wahr ist, liegt ein Schnittpunkt vor und es handelt sich um zwei sich schneidende Geraden. Wenn hier eine falsche Aussage raus kommt, sind die Geraden windschief. Der Schnittpunkt kann bestimmt werden, indem $t = 3$ in g oder $s = 1$ in h eingesetzt wird: $S(3|2|2)$.

Beispiel windschief

Aufgaben

A.4.9.1 Bestimme die gegenseitige Lage der Geraden g und h und gib gegebenenfalls den Schnittpunkt an.

a) $g: \vec{x} = \begin{pmatrix} 4 \\ -3 \\ 1 \end{pmatrix} + r \cdot \begin{pmatrix} -2 \\ 1 \\ 3 \end{pmatrix}, r \in \mathbb{R}$ und $h: \vec{x} = \begin{pmatrix} 2 \\ 1 \\ -1 \end{pmatrix} + s \cdot \begin{pmatrix} 6 \\ -3 \\ -9 \end{pmatrix}, s \in \mathbb{R}$

b) $g: \vec{x} = \begin{pmatrix} 1 \\ 3 \\ -1 \end{pmatrix} + r \cdot \begin{pmatrix} 1 \\ -2 \\ -3 \end{pmatrix}, r \in \mathbb{R}$ und $h: \vec{x} = \begin{pmatrix} -1 \\ 7 \\ 5 \end{pmatrix} + s \cdot \begin{pmatrix} 2 \\ -4 \\ -6 \end{pmatrix}, s \in \mathbb{R}$

c) $g: \vec{x} = \begin{pmatrix} 9 \\ 0 \\ 6 \end{pmatrix} + r \cdot \begin{pmatrix} 3 \\ 2 \\ 1 \end{pmatrix}, r \in \mathbb{R}$ und $h: \vec{x} = \begin{pmatrix} 7 \\ -2 \\ 2 \end{pmatrix} + s \cdot \begin{pmatrix} 1 \\ 1 \\ 2 \end{pmatrix}, s \in \mathbb{R}$

5 Trigonometrie

5.1 Grundlagen

Wir brauchen Sinus, Cosinus und Tangens, um Winkel oder Seiten innerhalb eines rechtwinkeligen Dreiecks zu berechnen. Für die *Neue Reifeprüfung* solltest du die Grundlagen der Trigonometrie verstehen und auch im Einheitskreis anwenden können. Keine Sorge: komplizierte Vermessungsaufgaben sind zumindest für die AHS nicht relevant!

Wichtig für uns sind die Begriffe **Gegenkathete**, **Ankathete** und **Hypotenuse**. Die Hypotenuse ist dabei jene Seite des rechtwinkeligen Dreiecks, die gegenüber des rechten Winkels liegt. Die Ankathete grenzt an den Winkel, von dem wir ausgehen, an. Die Gegenkathete ist dann einfach die dem Winkel gegenüberliegende Seite.

Rechtwinklige Dreiecke

> **Während die Hypotenuse innerhalb eines Dreiecks immer gleich bleibt, können die Ankathete und die Gegenkathete je nachdem, von welchem Winkel wir innerhalb des Dreiecks ausgehen, sich ändern.**

Folgende Abbildung zeigt genau das:

$$\sin(\alpha) = \frac{\text{Gegenkathete}}{\text{Hypotenuse}}, \quad \cos(\alpha) = \frac{\text{Ankathete}}{\text{Hypotenuse}}, \quad \tan(\alpha) = \frac{\text{Gegenkathete}}{\text{Ankathete}}$$

Sinus, Cosinus und Tangens beschreiben also ein Seitenverhältnis. Um dazu auf den dazugehörigen Winkel zu kommen, müssen wir $\sin^{-1}(G/H)$, $\cos^{-1}(A/H)$ bzw. $\tan^{-1}(G/A)$ verwenden.

Aufgaben

A.5.1.1 Von einem rechtwinkligen Dreieck sind folgende Daten bekannt: $b = 53$ cm und $c = 100$ cm.
Wie groß ist der Winkel α?

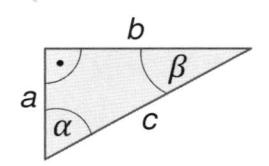

Lösungen

5.1.2 Von einem rechtwinkligen Dreieck sind folgende Daten bekannt: $\beta = 55°$ und $c = 77$ mm.
Berechne die Seiten a und b und gib den Winkel α an!

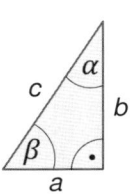

5.1.3 In einem rechtwinkeligen Dreieck ist der Winkel $\beta = 43°$. Wie groß ist der andere Winkel?

5.2 Einheitskreis

Einheitskreis

Der Einheitskreis ist wie der Name schon sagt, ein Kreis mit dem Radius 1. Cosinus wird hier auf der x-Achse des Koordinatenkreuzes dargestellt und Sinus auf der y-Achse.

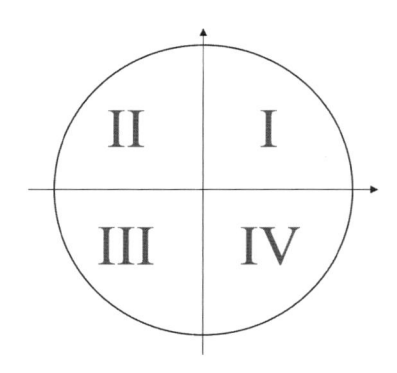

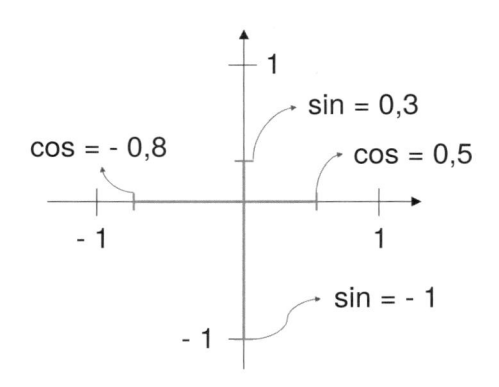

Sinus und Cosinus haben, je nachdem in welchem Quadranten des Kreises sie liegen, unterschiedliche Vorzeichen.

	I	II	III	IV
sin	+	+	−	−
cos	+	−	−	+

Merke: **a**ll **s**tudents **t**ake **c**hemistry

- 1. Quadrant: „**a**ll" positiv
- 2. Quadrant: „**s**tudents" **s**inus positiv
- 3. Quadrant: „**t**ake" **t**angens positiv
- 4. Quadrant: „**c**hemistry " **c**osinus positiv

Aufgaben

A.5.2.1 Stelle den Winkel $\alpha = 45°$ im Einheitskreis dar und gib an, welche Bedingungen Sinus und Cosinus erfüllen müssen, damit man diesen Winkel bekommt. Wie groß ist hier Tangens?

A.5.2.2 Zeichne im Einheitskreis alle Winkel ein, für die $\cos = -0{,}7$ gilt.

Lösungen

Teil II

Funktionen

6 Grundlagen

Rechenoperationen
+ − · : (oder ÷)

Zahlen
Natürliche Zahlen $\mathbb{N} = \{1, 2, 3 \ldots\}$

Ganze Zahlen $\mathbb{Z} = \{\ldots -2, -1, 1, 2 \ldots\}$

Reelle Zahlen $\mathbb{R}$: alle Zahlen

Rationale Zahlen $\mathbb{Q}$: alle *Bruchzahlen*

Brüche

a) $\frac{3}{4} + \frac{2}{3} = \frac{3}{4} \cdot \frac{3}{3} + \frac{2}{3} \cdot \frac{4}{4} = \frac{9}{12} + \frac{8}{12} = \frac{17}{12}$

Bruch clever erweitern!

b) $\frac{3}{4} \cdot \frac{2}{3} = \frac{3 \cdot 2}{4 \cdot 3} = \frac{6}{12} = \frac{1 \cdot \cancel{6}}{2 \cdot \cancel{6}} = \frac{1}{2}$

Parameter
$a, b, x \ldots$

Potenzen
$a \cdot a \cdot a = a^3$

Ausdrücke zusammenfassen

a) $a + a + a = 3a$

b) $x^3 + x^4 \rightarrow$ geht nicht

Ausmultiplizieren/Ausklammern

a) $2 \cdot (x - 3) = 2 \cdot x - 2 \cdot 3 = 2x - 6$

b) $(x - 4) \cdot (x + 2) = x^2 + 2x - 4x - 8$

Binomische Formeln

1. $(a + b)^2 = a^2 + 2ab + b^2$
2. $(a - b)^2 = a^2 - 2ab + b^2$
3. $(a + b) \cdot (a - b) = a^2 - b^2$

Potenzen und Potenzgesetze

Erfahrungen besagen, dass ca. 50% aller Versagensfälle von Prüfungen oft auf mangelnde Kenntnisse der Potenzgesetze zurückzuführen sind. Dieses Thema ist also außerordentlich wichtig, da wir mit Hilfe dieser Kenntnisse verschiedenste Ausdrücke umschreiben und gegebenenfalls vereinfachen können. Ausgangspunkt:

Basis, Exponent: $\underbrace{x^n}_{\text{Potenz}} = \underbrace{x \cdot x \cdot \ldots \cdot x}_{n\text{-Faktoren}}$

Die wichtigsten Regeln:

1. $x^m \cdot x^n = x^{m+n}$
2. $x^n \cdot y^n = (xy)^n$
3. $(x^n)^m = x^{n \cdot m}$
4. $x^{-n} = \frac{1}{x^n}$
5. $x^{\frac{n}{m}} = \sqrt[m]{x^n}$

Zusätzlich sind diese „Regeln" hilfreich, die sich aus den oberen Regeln ableiten lassen:

$x^{\frac{1}{m}} = \sqrt[m]{x}, \quad x^0 = 1, \quad \frac{x^m}{x^n} = x^{m-n}, \quad \frac{x^p}{y^p} = \left(\frac{x}{y}\right)^p, \quad \sqrt[n]{x} \cdot \sqrt[n]{y} = \sqrt[n]{xy}, \quad \sqrt[m]{\sqrt[n]{x}} = \sqrt[m \cdot n]{x}$

Potenzgesetze

Potenzen umschreiben

Wurzeln umschreiben

Diese Zusammenhänge müsst ihr nicht auswendig können, aber ihr solltet sie aus den drei Potenzgesetzen ableiten können. Hier noch weitere Beispiele zum Umschreiben, die euch das Leben in der Prüfung erleichtern werden:

$$\frac{1}{x} = x^{-1}, \quad \frac{4}{x^5} = 4x^{-5}, \quad \frac{7}{3x^3} = \frac{7}{3}x^{-3}, \quad \sqrt{x} = \sqrt[2]{x} = x^{\frac{1}{2}}, \quad \sqrt[4]{x^3} = x^{\frac{3}{4}}$$

Kombination der Techniken: Bei dem Ausdruck $\frac{20}{\sqrt[3]{x}}$ sollte zunächst die Wurzel in $\frac{20}{x^{\frac{1}{3}}}$ umgeschrieben werden. Dann können wir den Nenner von *unten nach oben* holen: $20x^{-\frac{1}{3}}$. Warum sollte man das überhaupt machen? So lässt sich meist einfacher Rechnen, z.B. wenn man diesen Ausdruck ableiten oder integrieren muss.

Häufige Stolperfallen: $\frac{x}{2} = \frac{1}{2}x$, $\frac{x}{3} = \frac{1}{3}x$, $\frac{x^3}{7} = \frac{1}{7}x^3$, $\frac{x}{a} = \frac{1}{a}x$, $\frac{3x}{a} = \frac{3}{a}x$, $\frac{x^3}{a} = \frac{1}{a}x^3$

6.1 Definition des Funktionsbegriffs

> Eine Funktion stellt eine Beziehung zweier Mengen zueinander dar. Dabei muss jedem x-Wert ein **eindeutiger** y-Wert zugeordnet sein. Das bedeutet also, dass jeder Wert auf der x-Achse nur einen einzigen Wert auf der y-Achse haben darf.

Was ist eine Funktion?

In den nachfolgenden drei Abbildungen soll der Unterschied zwischen Funktionen und keinen Funktionen deutlich werden.

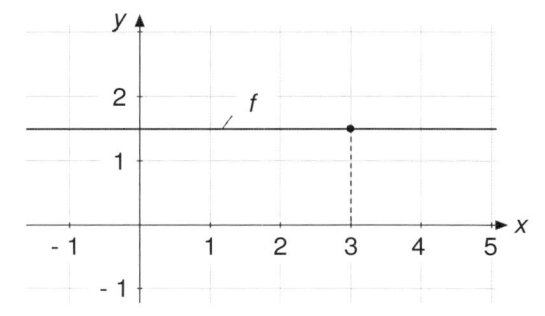

Bei f handelt es sich um eine Funktion, weil beispielsweise der x-Wert 3 nur den dazugehörigen y-Wert 1,5 hat. Einem x-Wert ist ein eindeutiger y-Wert zugeordnet.

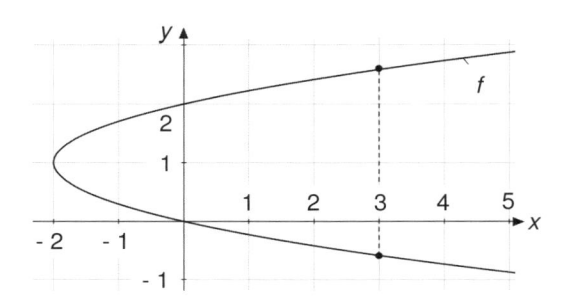

f ist in diesem Fall keine Funktion, weil beispielsweise der x-Wert 0 die y-Werte 0 und 2 hat. Laut Definition darf aber jeder x-Wert nur einen einzigen y-Wert haben!

Bei der folgenden Abbildung beschreibt der Graph von f auch in diesem Fall keine Funktion, weil der x-Wert 1,5 unendlich viele y-Werte hat.

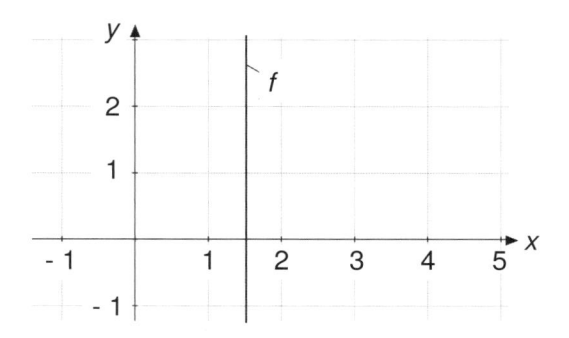

6.2 Eigenschaften von Funktionen

Monotonie = das Gleichbleiben der Steigung

- **monoton steigend**: Die Funktion steigt in einem bestimmten Abschnitt oder verläuft horizontal zur *x*-Achse.

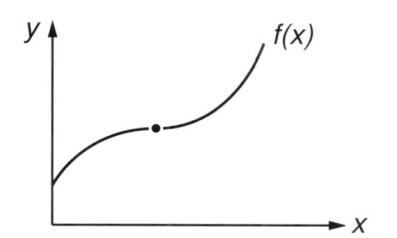

- **streng monoton steigend**: Die Funktion steigt in einem bestimmten Abschnitt immer weiter, fällt nicht und verläuft nicht horizontal.

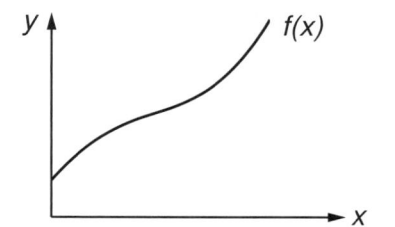

Monotonie-Verhalten

Lokale Extrema = die Hoch- oder Tiefpunkte einer Funktion

Hier ändert sich das Monotonieverhalten (Steigung) der Funktion.

Hochpunkt: Im Hochpunkt ändert sich die Steigung von steigend zu fallend.

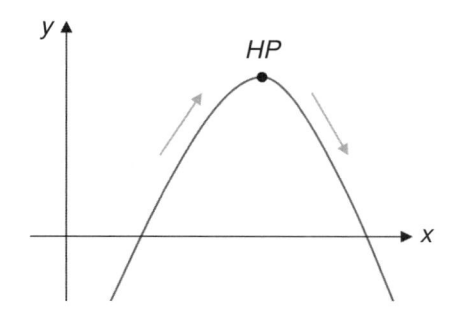

Tiefpunkt: Im Tiefpunkt ändert sich die Steigung von fallend zu steigen.

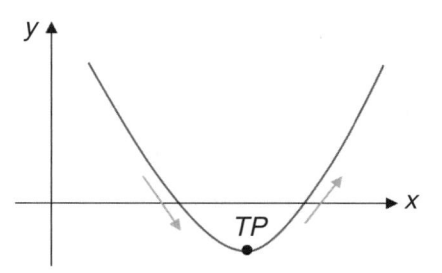

Hoch-/Tiefpunkt

Krümmung = die Kurven einer Funktion

rechtsgekrümmt (konkav):
negative Krümmung

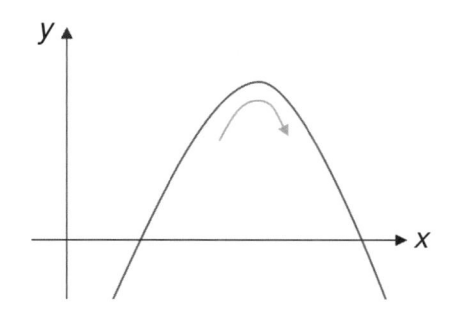

linksgekrümmt (konvex):
positive Krümmung

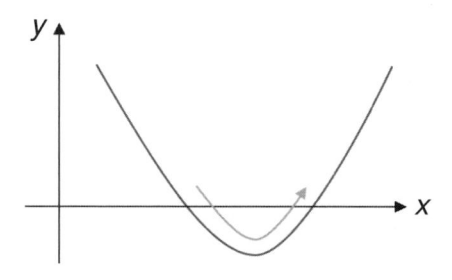

Krümmung & Wendepunkt

Tipp! Aus der Rechtskurve könntest du ein trauriges Smiley machen, also ist es eine negative Krümmung. Aus der Linkskurve könntest du ein fröhliches Smiley machen, also haben wir hier eine positive Krümmung.

Wendepunkt = Punkt, in dem sich das Krümmungsverhalten der Funktion ändert, also beispielsweise eine Rechtskurve in eine Linkskurve übergeht.

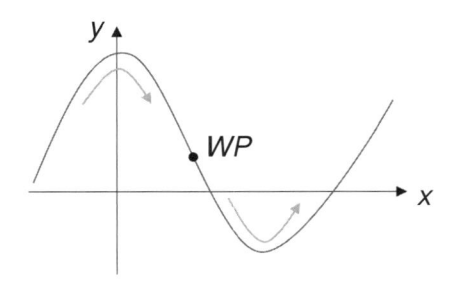

Tipp! Schwierigkeiten den Wendepunkt zu finden? Stell dir vor, du würdest mit dem Auto die Funktion *entlangfahren*. An dem Punkt, an dem du in die andere Richtung, also z.B. von rechts nach links, zu lenken beginnen würdest, ist der Wendepunkt.

Achsen- und Punktsymmetrie

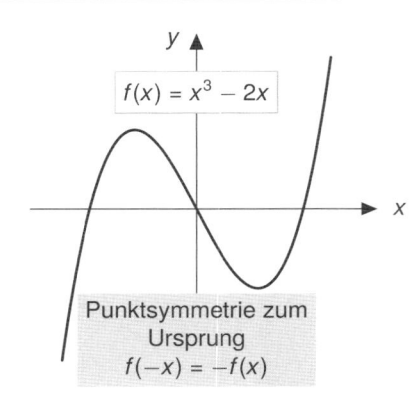

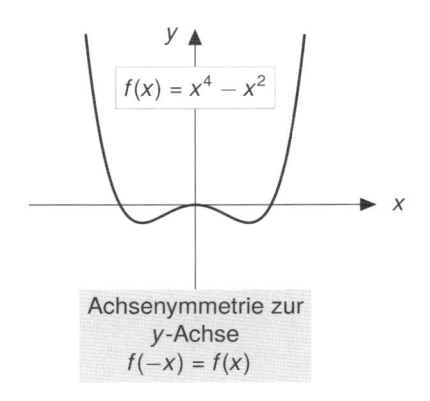

Symmetrie

$f(x) = x^3 - 2x$

Punktsymmetrie zum Ursprung
$f(-x) = -f(x)$

$f(x) = x^4 - x^2$

Achsensymmetrie zur y-Achse
$f(-x) = f(x)$

Wir können auch die Punktsymmetrie zu einem beliebigen Punkt bzw. die Achsensymmetrie zu einer beliebigen Achse nachweisen:

$$f(x_0 + h) - y_0 = -f(x_o - h) + y_0 \quad \text{bzw.} \quad f(x_0 + h) = f(x_0 - h)$$

Asymptotisches Verhalten

Die Funktion nähert sich immer mehr einer Geraden an, erreicht diese aber niemals.

Ein typisches Beispiel ist die Funktion $f(x) = x^{-1}$, welche sich der x- und y-Achse annähert, diese aber nie berührt.

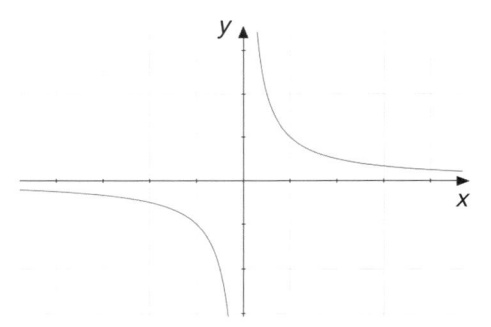

Nullstellen

= Schnittpunkte der Funktion mit der x-Achse

Berechnung der Nullstellen: $f(x) = 0$ setzen und nach x auflösen.

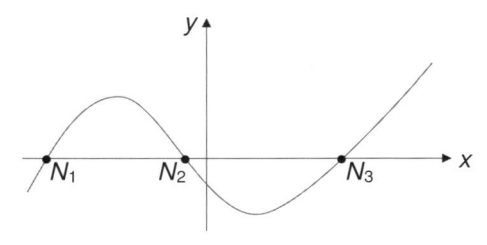

6.3 Manipulation von Grundfunktionen

Auch Graphentransformation genannt. Idee: Aus dem Graphen einer gegebenen Funktion $f(x)$ mit dem Definitionsbereich D und dem Wertebereich W sollen die Graphen „neuer" Funktionen $g(x)$ mit dem Definitionsbereich D_g und dem Wertebereich W_g durch einfache Operationen gewonnen werden.

Hier ist eine Übersichtstabelle, die die Manipulationen an Funktionen und die Wirkung auf den Graphen, den Definitionsbereich und den Wertebereich beschreibt. „Wirkung" soll heißen: Bildet man den Term $g(x)$ wie beschrieben, so entsteht der Graph von g aus dem Graphen von f durch...

$g(x) =$	$D_g =$	$W_g =$	Wirkung auf den Graphen
$f(x-a), a \in \mathbb{R}$	$D_f + a$	W_f	Verschiebung horizontal um $+a$
$f(x)+a, a \in \mathbb{R}$	D_f	$W_f + a$	Verschiebung vertikal um $+a$
$f(c \cdot x), c > 0$	$\frac{1}{c} \cdot D_f$	W_f	$c > 1$: *Stauchung* $0 < c < 1$: *Streckung*
$c \cdot f(x), c > 0$	D_f	$c \cdot W_f$	$c > 1$: *Streckung* $0 < c < 1$: *Stauchung*
$f(-x)$	$-D_f$	W_f	Spiegelung an y-Achse
$-f(x)$	D_f	$-W_f$	Spiegelung an x-Achse

Übersicht

Anhand dieser Tabelle lassen sich einige Regelmäßigkeiten erkennen:

- Änderung innerhalb der Funktion, z.B. $f(x - a) \stackrel{\wedge}{=}$ Horizontale Manipulation
  - Definitionsbereich ändert sich
  - Wertebereich bleibt gleich

- Änderung außerhalb der Funktion, z.B. $f(x) + a \stackrel{\wedge}{=}$ Vertikale Manipulation
  - Definitionsbereich bleibt gleich
  - Wertebereich ändert sich

Im Folgenden werden wir die am häufigsten vorkommenden Manipulationen bzw. Transformationen anhand eines Beispiels vorstellen. Als Ausgangsfunktion dient die Normalparabel

$$f(x) = x^2, \quad x \in \mathbb{R}.$$

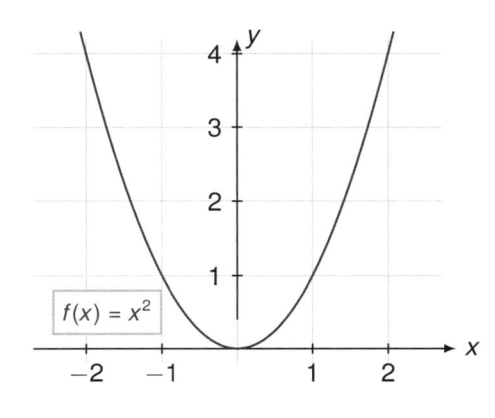

Verschiebung in x-Richtung

Die Verschiebung in x-Richtung können wir in unserer Funktionsgleichung wie folgt berücksichtigen.

Dazu werfen wir einen Blick auf das nebenstehende Koordinatensystem. Der Scheitelpunkt dieser Parabel und alle anderen Punkte wurden ausgehend von der Normalparabel (hier: $g(x) = x^2$) um 2 Einheiten nach rechts verschoben.

Wenn wir einen Blick auf die Funktionsgleichung werfen, sehen wir, dass sie wie folgt lautet:

$$f(x) = (x - 2)^2$$

Eine Verschiebung in x-Richtung kann man immer daran erkennen, dass der Wert, um welchen die Parabel verschoben wurde, mit umgekehrten Vorzeichen in der Klammer auftaucht.

Dazu wollen wir uns ebenfalls eine Parabel angucken, welche nach links verschoben wurde. Die Funktionsgleichung dieser Parabel lautet:

$$f(x) = (x + 2)^2$$

Die Parabel wurde um 2 Einheiten nach links verschoben. Das erkennen wir daran, dass die −2 in unserer Gleichung innerhalb der Klammer mit einem umgekehrten Vorzeichen auftaucht.

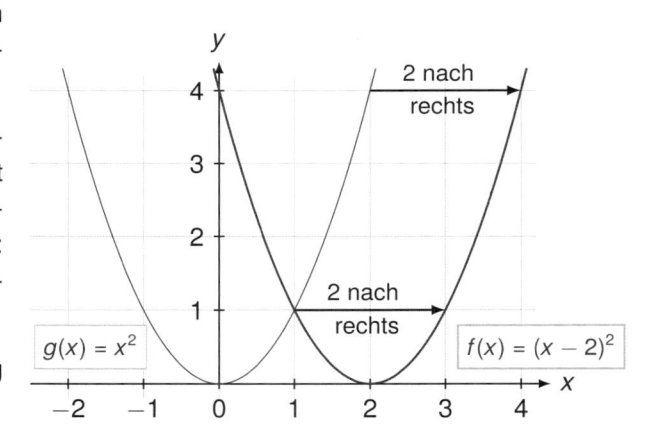

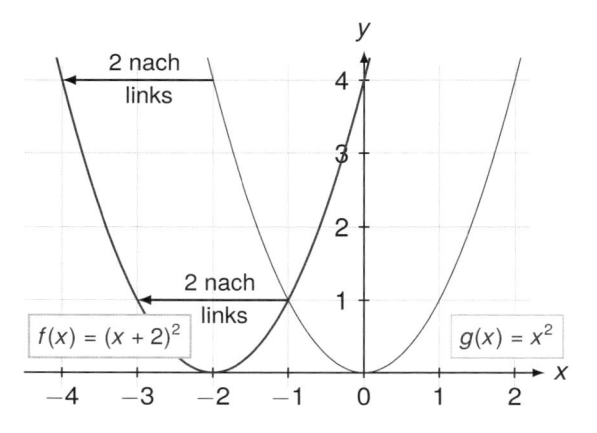

Verschiebung in y-Richtung

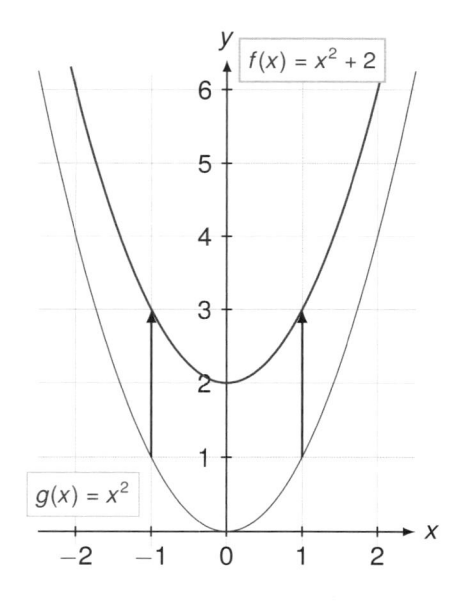

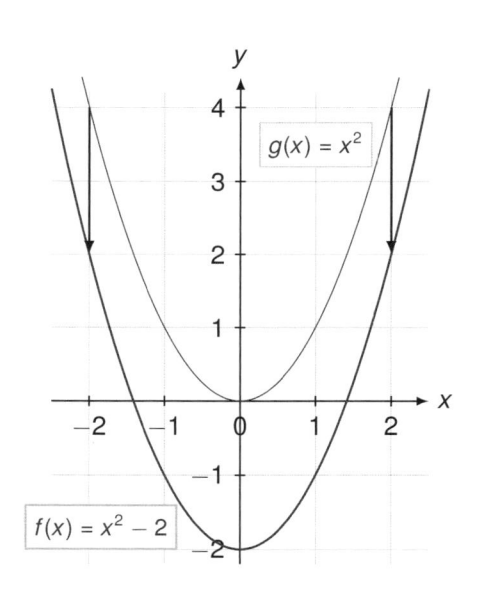

Die Verschiebung in y-Richtung erkennen wir daran, dass der Wert, um den die Parabel in y-Richtung verschoben wurde, ohne Klammer mit dem korrekten Vorzeichen angehängt wird.

Betrachten wir die linke Parabel. Diese Parabel wurde um 2 Einheiten nach oben verschoben. Die zugehörige Funktionsgleichung muss also $f(x) = x^2 + 2$ lauten. Als nächstes schauen wir uns die rechte Parabel an, welche nach unten verschoben wurde. Wir erkennen wieder an unserer Funktionsgleichung $f(x) = x^2 - 2$, dass unsere Parabel nach unten verschoben wurde.

Natürlich ist es auch möglich, sowohl eine Verschiebung in x-Richtung als auch eine Verschiebung in y-Richtung gleichzeitig durchzuführen.

Dazu betrachten wir die folgende Parabel, welche um 2 Einheiten nach rechts und um 2 Einheiten nach unten verschoben. Die Funktionsgleichung lautet:

$$f(x) = (x - 2)^2 - 2$$

In der Klammer erkennen wir die Verschiebung um 2 Einheiten nach rechts und hinter der Klammer erkennen wir die Verschiebung um 2 Einheiten nach unten. Eine Funktionsgleichung, welche in der obigen Form vorliegt, wird Scheitelpunktform genannt, da es direkt möglich ist die Koordinaten des Scheitelpunktes abzulesen. In unserem Fall also $S(2|-2)$.

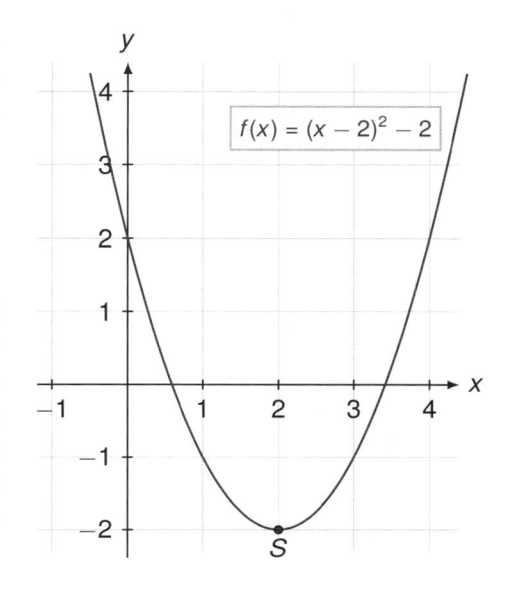

Vertikale Streckung/Stauchung

Wenn wir eine Parabel strecken oder stauchen wollen, müssen wir die Funktion mit einem Faktor c multiplizieren. Aus $f(x) = x^2$ wird dann $f(x) = c \cdot x^2$. Dabei gelten die folgenden Regeln:

$1 < c \quad \Rightarrow \quad$ Streckung

$0 < c < 1 \quad \Rightarrow \quad$ Stauchung

Der Faktor c gibt also an, ob es sich um eine Streckung oder um eine Stauchung handelt. Der Faktor c befindet sich entweder direkt vor dem x^2 oder, falls unsere Funktionsgleichung in der Scheitelpunktform vorliegen sollte, direkt vor der Klammer. Dazu wollen wir uns den folgenden Sachverhalt kurz vor Augen halten.

Die Normalparabel $f(x) = x^2$ hat den Faktor $c = 1$. Diesen schreiben wir aus Gründen der mathematischen Faulheit aber nicht hin. Die Normalparabel ist also weder gestreckt noch gestaucht.

Ebenso ist unsere Parabel mit der Funktionsgleichung $f(x) = (x - 2)^2 - 2$ weder gestreckt noch gestaucht, da der Faktor c direkt vor der Klammer ebenfalls den Wert $c = 1$ hat.

Eine gestreckte Parabel könnte die folgende Gleichung haben:

$$g(x) = 2 \cdot (x - 2)^2 - 2$$

Wir erkennen, dass für unseren Faktor c jetzt c = 2 gilt. Da c größer als 1 ist, müsste die Parabel gestreckt werden. Dazu betrachten wir die Funktionen $f(x) = (x-2)^2 - 2$ und $g(x) = 2 \cdot (x-2)^2 - 2$ in der linken Abbildung.

Wir sehen, dass unsere Parabel g im Verhältnis zur Parabel f wesentlich schmaler aussieht. Sie ist also gestreckt.

Im Gegensatz dazu wollen wir uns auch eine gestauchte Parabel angucken. Wir betrachten dazu die rechte Abbildung. Die Funktionsgleichungen unserer beiden Parabeln lauten: $f(x) = (x-2)^2 - 2$ und $g(x) = 0{,}5 \cdot (x-2)^2 - 2$. Wir sehen, dass unsere Parabel g breiter ist als unsere Parabel f. Sie ist also gestaucht.

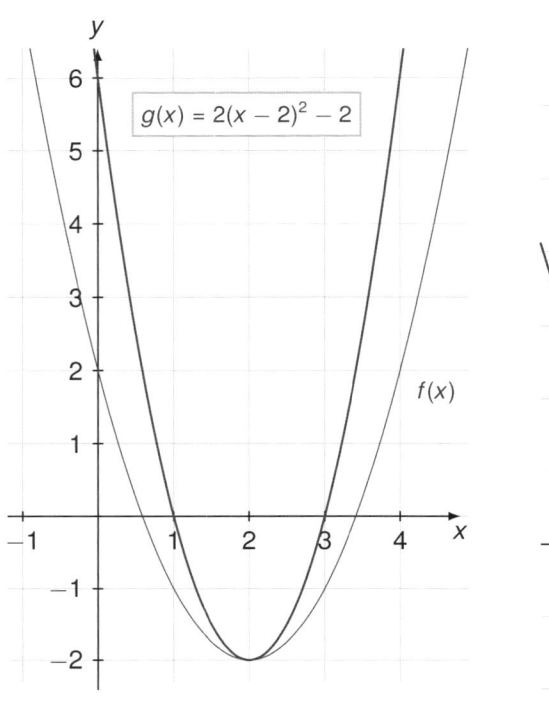

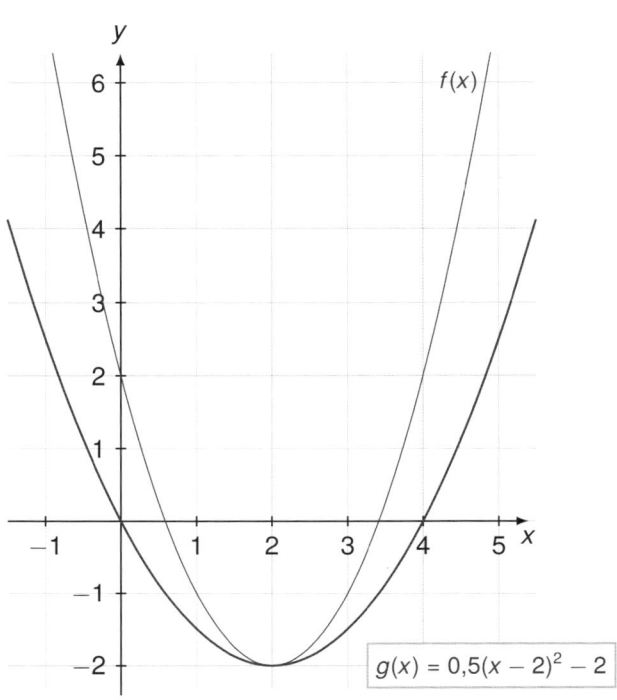

Spiegelung an der x-Achse

Spiegeln

Wir erkennen eine an der x-Achse gespiegelte (nach unten geöffnete) Parabel daran, dass der Faktor a negativ ist. Dazu betrachten wir die nebenstehende Darstellung.

Die Funktionsgleichung unserer Parabel lautet $f(x) = -2 \cdot (x-2)^2 - 1$. Der Faktor a hat den Wert a = −2, er ist also negativ. Insgesamt wurden an dieser Parabel also die folgenden Transformationen durchgeführt:

- Verschiebung um 2 Einheiten nach rechts
- Verschiebung um 1 Einheiten nach unten
- Streckung mit dem Faktor a = 2
- Spiegelung an der x-Achse (Öffnung zeigt nach unten)

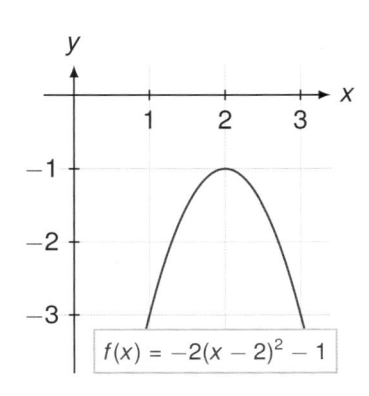

6.4 Gleichungen lösen

Zur Bestimmung von x gibt es einige Standardtechniken, die ihr beherrschen solltet.

1. <u>Umformen:</u>

$$
\begin{aligned}
2x - 8 &= 0 \quad | +8 \\
\Leftrightarrow \quad 2x &= 8 \quad | :2 \\
\Leftrightarrow \quad x &= 4
\end{aligned}
$$

2. <u>Umformen/Wurzel:</u>

$$
\begin{aligned}
2x^2 - 8 &= 0 \quad | +8 \\
\Leftrightarrow \quad 2x^2 &= 8 \quad | :2 \\
\Leftrightarrow \quad x^2 &= 4 \quad | \sqrt{} \\
\Leftrightarrow \quad x_1 &= 2 \,\wedge\, x_2 = -2
\end{aligned}
$$

> Merke: Die Gleichung $x^2 = a$ hat für
> - $a > 0$ die <u>beiden</u> Lösungen $x = \pm\sqrt{a}$,
> - $a = 0$ die einzige Lösung $x = 0$,
> - $a < 0$ <u>keine</u> Lösung, denn es darf keine Wurzel aus einer negativen Zahl gezogen werden! Die Lösungsmenge ist in diesem Fall leer: $\mathbb{L} = \{\}$.

3. <u>Ausklammern:</u>

$$x^3 - \frac{1}{4}x^5 = 0 \quad | \text{größte gemeinsame } x \text{ ausklammern!}$$

$$\Leftrightarrow \underbrace{\underbrace{x^3}_{\text{Faktor}} \cdot \underbrace{\left(1 - \frac{1}{4}x^2\right)}_{\text{Faktor}}}_{\text{Produkt}} = 0$$

> Merke: Ein Produkt (Faktor MAL Faktor) ist Null, wenn einer der beiden Faktoren Null ist. Nach dem Ausklammern bestimmt ihr für den Teil in der Klammer und den Teil außerhalb der Klammer jeweils separat die Nullstellen.

$$x^3 = 0 \quad \text{oder} \quad 1 - \frac{1}{4}x^2 = 0 \quad \Leftrightarrow \quad x_1 = 2 \,\wedge\, x_2 = -2$$

Hinweis: Dieser Lösungsweg ist nur dann sinnvoll, wenn keine Zahl ohne x vorkommt!

4. <u>*pq*-Formel:</u>

> Um die *pq*-Formel verwenden zu können, müssen quadratische Gleichungen (höchste Potenz ist 2) in die Form
> $$x^2 + px + q = 0$$
> gebracht werden, so dass beim x^2 kein Vorfaktor mehr steht. Anschließend kann die *pq*-Formel verwendet werden und man erhält die Lösungen
> $$x_{1,2} = -\frac{p}{2} \pm \sqrt{\left(\frac{p}{2}\right)^2 - q}.$$

Beispiel:

$$2x^2 - 4x - 16 = 0 \quad | : 2$$
$$\Leftrightarrow \quad x^2 - 2x - 8 = 0 \quad | \textit{pq}\text{-Formel anwenden}$$
$$\Rightarrow \quad x_{1,2} = -\frac{-2}{2} \pm \sqrt{\left(\frac{-2}{2}\right)^2 - (-8)}$$
$$= 1 \pm \sqrt{9}$$
$$\Leftrightarrow \quad x_1 = 4 \;\wedge\; x_2 = -2$$

5. *abc*-Formel:

> Auch Mitternachts-Formel genannt, kann alternativ zur *pq*-Formel verwendet werden. Die quadratische Gleichung
>
> $$ax^2 + bx + c = 0$$
>
> lässt sich direkt lösen. Das Ergebnis lautet
>
> $$x_{1,2} = \frac{-b \pm \sqrt{b^2 - 4ac}}{2a}.$$

Beispiel:

$$2x^2 - 4x - 16 = 0 \quad | : 2$$
$$\Rightarrow \quad x_{1,2} = \frac{-(-4) \pm \sqrt{(-4)^2 - 4 \cdot 2 \cdot (-16)}}{2 \cdot 2}$$
$$= \frac{4 \pm \sqrt{16 + 128}}{4} = \frac{4 \pm 12}{4}$$
$$\Leftrightarrow \quad x_1 = 4 \;\wedge\; x_2 = -2$$

6. Substitution:

Schauen wir uns folgende Gleichung an:

$$x^4 - 2x^2 - 8 = 0$$

Uns fällt sofort auf, dass nur gerade Exponenten auftreten. Um diese Gleichung zu lösen, ersetzen wir x^2 durch z und erhalten wieder eine quadratische Gleichung, die mit der *pq*-Formel gelöst werden kann. Nach dem Lösen darf aber nicht die Rücksubstitution vergessen werden!

$$x^4 - 2x^2 - 8 = 0 \quad \stackrel{x^2 = z}{\Longrightarrow} \quad z^2 - 2z - 8 = 0$$

Mit der *pq*-Formel erhalten wir dann die Lösungen:

$$z_1 = 4 \;\wedge\; z_2 = -2$$

Bei der Rücksubstitution müssen wir, wie der Name schon sagt, wieder zurück ersetzen. Es folgt:

$$z_1 = 4 \quad \stackrel{z_1 = x_1^2}{\Longrightarrow} \quad x_1^2 = 4 \quad \Leftrightarrow \quad x_1 = 2 \wedge x_2 = -2$$
$$z_2 = -2 \quad \stackrel{z_2 = x_3^2}{\Longrightarrow} \quad x_3^2 = -2 : \text{Quadratwurzel nicht möglich}$$

6.4 Gleichungen lösen

7. Polynomdivision:

Falls eine Gleichung vorliegt, die nicht mit den obigen Verfahren gelöst werden kann, muss oft die Polynomdivision verwendet werden - oder der TR! Beispiel:

$$f(x) = 2x^3 - 7x^2 + 10x - 5$$

Der Trick ist eine Nullstelle zu erraten oder sie dem Aufgabentext zu entnehmen. Wir wissen, dass die Nullstelle ein Vielfaches oder ein Teiler des **Absolutgliedes** ist, also von dem Teil der Gleichung, der <u>kein</u> x enthält. Somit erhalten wir die Nullstelle $x_1 = 1$ durch ausprobieren.

$$\text{Probe:} \quad f(1) = 2 \cdot 1^3 - 7 \cdot 1^2 + 10 \cdot 1 - 5 = 0.$$

Kommen wir nun zur Polynomdivision. Das Vorgehen sollte noch aus der Divisionsrechnung in der Grundschule bekannt sein! Die Ausgangsfunktion wird durch (x - Nullstelle) geteilt, also in diesem Fall durch $(x - 1)$.

$$(2x^3 - 7x^2 + 10x - 5) : (x - 1) = ??$$

Schauen wir uns nun die rechte Klammer $(x - 1)$ an. Es muss eine Zahl mit dem x der Klammer multipliziert werden, damit der erste Term der ersten Klammer, hier $2x^3$, herauskommt. In diesem Fall wäre das $2x^2$. Nun wird $2x^2$ mit $(x - 1)$ multipliziert und von der ersten Klammer subtrahiert.

$$
\begin{array}{l}
(2x^3 - 7x^2 + 10x - 5) : (x - 1) = 2x^2 - 5x + 5 \\
\underline{-2x^3 + 2x^2} \\
\quad\quad -5x^2 + 10x \\
\quad\quad \underline{5x^2 - 5x} \\
\quad\quad\quad\quad 5x - 5 \\
\quad\quad\quad\quad \underline{-5x + 5} \\
\quad\quad\quad\quad\quad\quad 0
\end{array}
$$

Das Ergebnis wird drunter geschrieben und der Vorgang wird solange wiederholt, bis wir zu einem Ergebnis kommen.

Das Ergebnis $2x^2 - 5x + 5$ der Polynomdivision kann mit der *pq*-Formel gelöst werden. Beim Aufschreiben der Lösungsmenge darf die geratene Nullstelle nicht vergessen werden. Wenn die Division nicht aufgeht, war die geratene Zahl keine Nullstelle.

8. Newtonverfahren:

Das Newtonverfahren ist ein Näherungsverfahren zur Bestimmung der Nullstellen. Bei einfachen Termen ist man sicherlich mit den anderen Methoden schneller. Wenn die Funktionen komplexer werden greift man aber häufig zum Newtonverfahren. Dazu verwendet man folgende Formel.

$$x_{neu} = x_{start} - \frac{f(x_n)}{f'(x_n)}$$

Im Genaueren bedeutet es, dass wir einen Startwert x_{start} selbst bestimmen müssen und diesen in die Formel einsetzen, um x_{neu} zu erhalten. Wenn man dieses Verfahren öfter wiederholt, werdet ihr merken, dass sich irgendwann der Wert des Ergebnisses nicht mehr bzw. kaum ändert. Erst dann können wir den Wert als Nullstelle verwenden. Das Newton-Verfahren wollen wir an dem folgenden Beispiel kurz durchspielen. Als willkürlichen Startwert wählen wir $x_{start} = 18$.

$$x^3 - 15x^2 - 175 = 0$$

x_{start}	$f(x)$	$f'(x)$	$x_{neu} = x_{start} - \frac{f(x)}{f'(x)}$
18	797	432	16,16
16,16	127,93	298,64	15,73
15,73	5,63	270,40	15,71

Wie wir sehen ändert sich der x-Wert bereits beim 2. Schritt nicht mehr stark (von 15,73 auf 15,71)! Beim nächsten Schritt kann es schon passieren, dass sich nur noch die Nachkommastellen ändern. Wir könnten sagen, dass die Nullstelle ungefähr bei 15,71 liegt.

Merke: Pro Startwert finden wir nur eine Nullstelle!

Zusatz: Gleichung mit e-Funktion lösen

Gleichung lösen mit e-Funktion

Zur Lösung von Gleichungen mit e-Funktionen verwendet man in der Regel ihre Umkehrfunktion, den natürlichen Logarithmus ln. Ein nützlicher Zusammenhang ist

$$e^{\ln(x)} = x \quad \text{bzw.} \quad \ln(e^x) = x.$$

Achtet auf die Logarithmengesetze! Es folgen einige **Beispiele** zum Lösen von Gleichungen mit e-Funktionen:

$$e^{2x} \cdot (x^2 - 2) = 0$$
$$e^{2x} = 0 \not{\,} \vee x^2 - 2 = 0 \quad | + 2$$
$$x^2 = 2 \quad | \sqrt{}$$
$$x_1 = \sqrt{2} \wedge x_2 = -\sqrt{2}$$

Warum bringt $e^{2x} = 0$ keine Lösung? Wenn man beide Seite logarithmiert folgt $\ln(2x) = \ln(0)$. Da der natürliche Logarithmus aber für 0 nicht definiert ist ($\mathbb{D} = (0,\infty)$), gibt es keine Lösung.

a)
$$8e^{-2x} - 16 = 0 \quad | + 16$$
$$\Leftrightarrow \quad 8e^{-2x} = 16 \quad | : 8$$
$$\Leftrightarrow \quad e^{-2x} = 2 \quad | \ln$$
$$\Leftrightarrow \quad \ln(e^{-2x}) = \ln(2)$$
$$\Leftrightarrow \quad -2x = \ln(2) \quad | : (-2)$$
$$\Leftrightarrow \quad x = -\ln(2)/2$$

b)
$$4e^{3x} - e^{2x} = 0 \quad | + e^{2x}$$
$$\Leftrightarrow \quad 4e^{3x} = e^{2x} \quad | \ln$$
$$\Leftrightarrow \quad \ln(4 \cdot e^{3x}) = \ln(e^{2x})$$
$$\Leftrightarrow \quad \ln(4) + \ln(e^{3x}) = 2x$$
$$\Leftrightarrow \quad \ln(4) + 3x = 2x \quad | - 3x$$
$$\Leftrightarrow \quad -\ln(4) = x$$

6.5 Schnittpunkte zweier Funktionsgraphen

Um die Schnittpunkte zweier Funktionsgraphen f und g zu berechnen, setzen wir einfach beide Funktionsgleichungen gleich und lösen nach der Unbekannten x auf. Dazu schauen wir uns zunächst folgende Abbildung an.

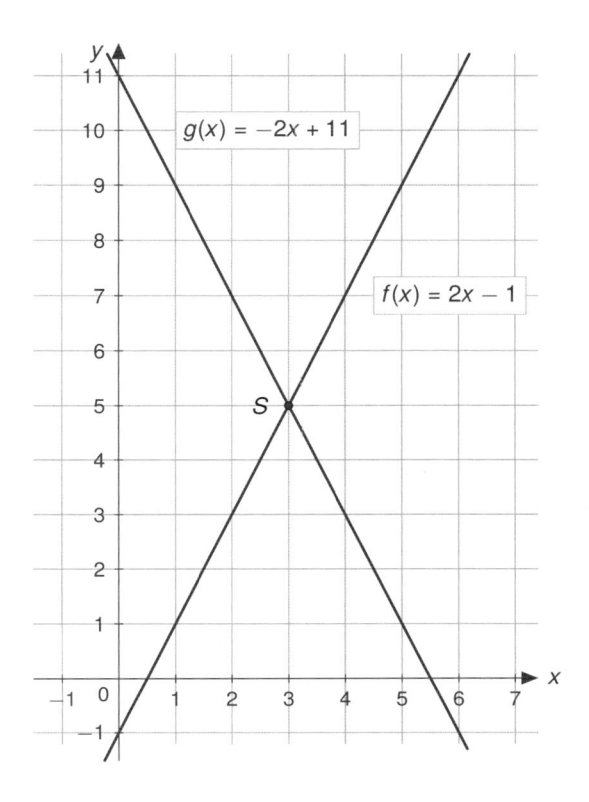

Zur Berechnung des Schnittpunktes werden die Funktionen $f(x) = 2x - 1$ und $g(x) = -2x + 11$ gleichgesetzt. Wir erhalten:

$$
\begin{aligned}
f(x) &= g(x) \\
\Rightarrow 2x - 1 &= -2x + 11 \quad | +2x +1 \\
\Leftrightarrow 4x &= 12 \quad | :4 \\
\Leftrightarrow x &= 3
\end{aligned}
$$

Die Funktionen schneiden sich also bei $x = 3$.

Um den dazugehörigen y-Wert zu finden, setzen wir den x-Wert einfach in eine der beiden Funktionen ein. Es ist egal, welche Funktion wir dafür auswählen! Damit ergibt sich der y-Wert $f(3) = 2 \cdot 3 - 1 = 5$ und der Schnittpunkt beider Funktionen lautet $S(3|5)$.

Notizen

7 Lineare Funktionen

7.1 Grundlagen

Die allgemeine Funktionsgleichung einer linearen Funktionen lautet

$$f(x) = k \cdot x + d \quad \text{mit} \quad k = \frac{f(x_2) - f(x_1)}{x_2 - x_1} = f'(x)$$

mit k als Steigung (auch Differenzquotient genannt bzw. im Sachzusammenhang die mittlere Änderungsrate) und d als Konstante bzw. y-Achsenabschnitt.

Übersicht

Oft wird auch y statt $f(x)$ geschrieben. **Beispiel** Wir betrachten nun die nachfolgenden Funktionsgraphen in der Abbildung. Was fällt auf?

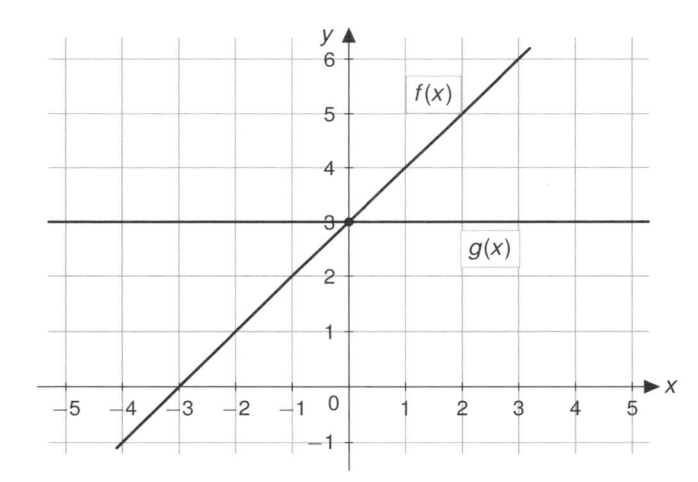

Beide Funktionsgraphen schneiden die y-Achse bei $y = 3$. Daher ist der y-Achsenabschnitt bzw. die Konstante $d = 3$.

Im Vergleich zu f, welche steigt, weist g keine Steigung auf. Wir merken uns, dass bei konstant verlaufenden Funktionen, wie bei g, die Steigung $k = 0$ ist.

7.2 Parameter ermitteln und deuten

Bei linearen Funktionen ist es relativ einfach aus dem Graphen die Funktion abzuleiten. Wenn die Steigung Null ist, also ein konstanter Graph gezeigt wird, benötigen wir nur den y-Achsenabschnitt. Wir betrachten den Funktionsgraphen von f in der oberen Abbildung.

- Um d zu berechnen, sehen wir uns einfach den Schnittpunkt der Funktion mit der y-Achse an. Hier schneidet der Graph die y-Achse bei $3 \Rightarrow d = 3$

- Um die Steigung zu berechnen, brauchen wir zwei Punkte. Dann setzen wir die Werte in den Differenzenquotient ein und berechnen k. In unserem Beispiel wählen wir die Punkte $P_1(-4|0)$ und $P_2(0|3)$. Wir erhalten

$$k = \frac{f(x_2) - f(x_1)}{x_2 - x_1} = \frac{3 - 0}{0 - (-4)} = \frac{3}{4}$$

Aus der vorherigen Abbildung können wir also nun herauslesen, dass die Funktionsgleichung $f(x) = \frac{3}{4} \cdot x + 3$ beträgt.

mittels 2 Punkte aufstellen

Wichtig! Bei der linearen Funktion ist die Steigung konstant, sie beträgt immer k. Wenn wir x um 1 erhöhen, ergibt sich $(x + 1) \cdot k$.

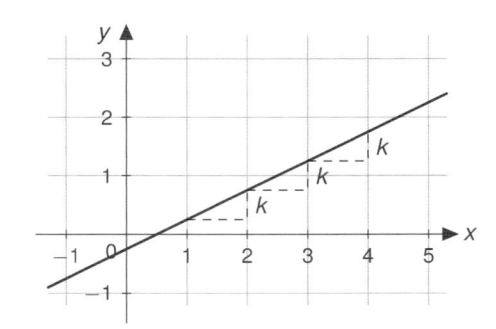

Die gesamte Funktion steigt also um k. Allgemein lässt sich festhalten: $f(x + 1) = f(x) + k$

7.3 Direkte und nicht-direkte Proportionalität

Proportionale Funktionen

Direkt proportional bedeutet **je mehr** von einer Größe, **umso mehr** von der anderen Größe bzw. je weniger von der einen Größe, umso weniger auch von der anderen. Die beiden Größen stehen in einem **direkten Verhältnis** zueinander. Verdoppelt sich die eine Größe, verdoppelt sich auch die andere Größe. Verdreifacht sich die eine Größe, verdreifacht sich auch die andere usw.

> Lineare Funktionen sind **direkt proportional**, wenn sie durch den Ursprung $(0|0)$ gehen, also:
>
> $$f(x) = k \cdot x \text{ mit } d = 0$$
>
> Man nennt sie auch homogene lineare Funktionen.

Beispiel Bei deinem Handytarif zahlst du pro verbrauchter Minute 2 Cent an den Anbieter. Es gibt keine Grundgebühr. Stelle diese Situation durch eine Funktion grafisch dar (Einheiten in Minuten und Euro). Warum handelt es sich hierbei um eine direkte Proportionalität?

Da es keine Grundgebühr gibt, haben wir eine Funktion der Form $y = k \cdot x$ vorliegen, die durch den Ursprung verläuft. Umso mehr Minuten du telefonierst, umso mehr zahlst du auch. Telefonierst du beispielsweise 2 Minuten, zahlst du 0,04 Euro. Telefonierst du 4 Minuten, zahlst du 0,08 Euro → doppelte Minuten = doppelte Gesamtkosten!

Die Anzahl der telefonierten Minuten steht folglich mit den Gesamtkosten in einem direkten Verhältnis. Die Funktion, die dieses Verhalten abbildet, lautet demnach mit $k = 0,02$: $f(x) = 0,02 \cdot x$, wobei $y = f(x)$ die Gesamtkosten in Euro in Abhängigkeit von den telefonierten Minuten x sind.

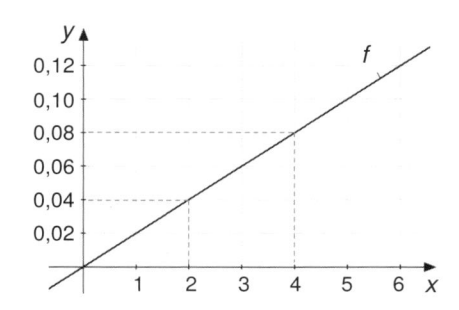

7.3 Direkte und nicht-direkte Proportionalität

> Funktionen für die gilt:
>
> $$f(x) = k \cdot x + d \text{ mit } d \neq 0$$
>
> heißen einfach **nicht direkt proportionale Funktionen** oder **inhomogene lineare Funktionen**. Charakteristisch ist, dass sie nicht durch den Ursprung verlaufen.

Beispiel Du zahlst pro verbrauchter Minute 2 Cent an deinen Handyanbieter. Zusätzlich dazu zahlst du eine monatliche Grundgebühr von einem Euro. Stelle diese Situation durch eine Funktion grafisch dar (Einheiten in Minuten und Euro). Warum handelt es sich hierbei nicht um eine direkte Proportionalität?

Da eine Grundgebühr zu bezahlen ist, lautet unsere Funktionsgleichung allgemein $f(x) = k \cdot x + d$ und in diesem Fall $y = 0{,}02x + 1$. Die Funktion verläuft also nicht wie im Beispiel zuvor durch den Ursprung.

Telefonierst du doppelt so viel, steigen deine Gesamtkosten nicht um genau das Doppelte an.

Bei 2 Minuten zahlst du beispielsweise $f(2) = 0{,}02 \cdot 2 + 1 = 1{,}04$ Euro und bei 4 Minuten $f(4) = 1{,}08$. Folglich liegt hier kein direkt proportionales Verhältnis vor.

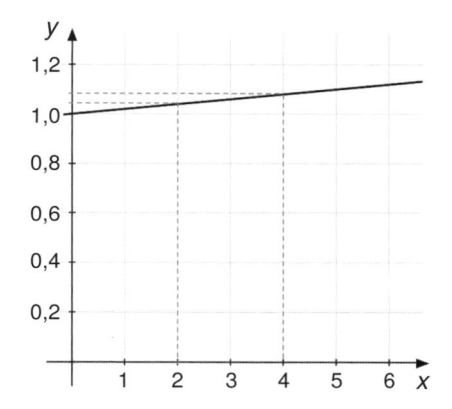

Notizen

8 Potenzfunktionen

8.1 Grundlagen

> Die allgemeine Funktionsgleichung der Potenzfunktion lautet
>
> $$f(x) = ax^z + b$$
>
> mit $a > 0$ als Steigung und b als Konstante (= y-Achsenabschnitt).

Im Folgenden schauen wir uns typische Verläufe von Graphen für unterschiedliche z-Werte an. Dabei setzen wir $a = 1$ und $b = 0$, um auf besondere Charakteristika der Verläufe aufmerksam machen zu können:

z positiv und ganze gerade Zahl: **z positiv und ganze ungerade Zahl:**

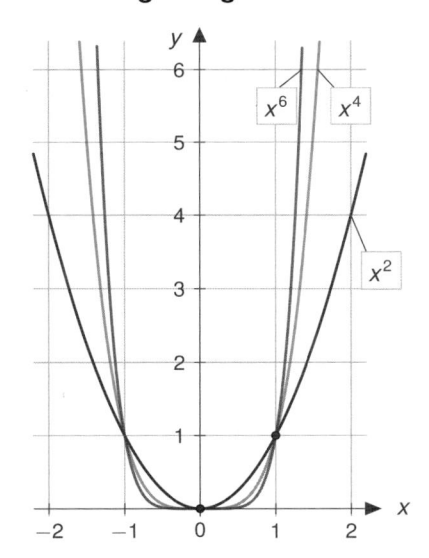

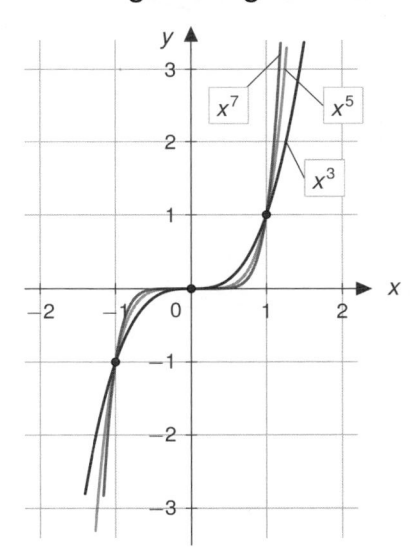

⇒ Alle Graphen gehen durch den Ursprung (0|0) und den Punkt (1|1).
⇒ Die Graphen mit positiver und ganzer ungerader Zahl z gehen durch den Punkt (−1|1).

z negativ und ganze gerade Zahl:

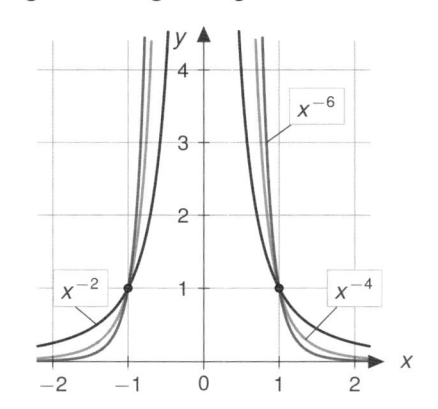

z negativ und ganze ungerade Zahl:

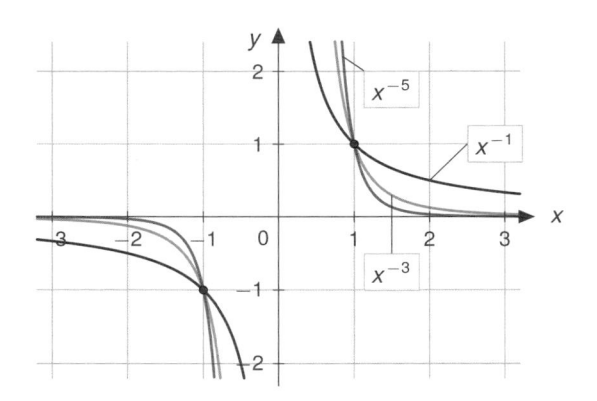

⇒ Die Graphen mit negativer und ganzer gerader Zahl z gehen durch (−1|1) und (1|1).
⇒ Die Graphen mit negativer und ganzer ungerader Zahl z gehen durch (−1|−1) und (1|1).

Sonderfall Wenn der Exponent einen Bruch in der Form $z = \frac{m}{n}$ darstellt, sehen die Graphen der Funktion wie folgt aus, wenn dieser positiv bzw. negativ ist.

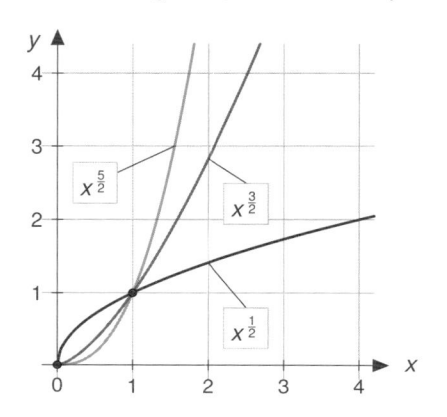

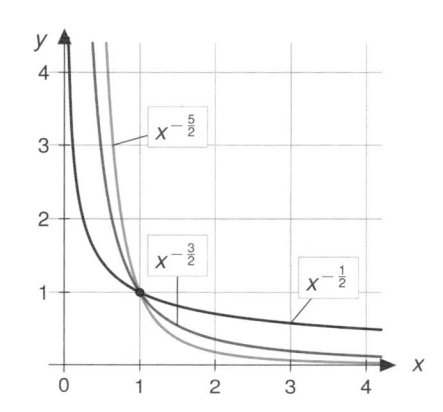

8.2 Parameter ermitteln und deuten

Betrachten wir erneut die allgemeine Potenzfunktion mit der Gleichung

$$f(x) = ax^z + b.$$

Der Parameter a bestimmt die Steigung der Funktion, sie macht die Funktion *dicker* oder *dünner*. Die Funktion x^2 ist beispielsweise breiter als die Funktion x^6 und vice versa. Der Parameter b verschiebt als normale Konstante die Funktion nach *oben* oder *unten*.

mit 2 Punkten aufstellen

Bei manchen Aufgaben hast du Tabellen gegeben und musst daraus die Funktionsgleichung ermitteln. **Beispiel** Gegeben sei nachfolgende Tabelle, aus der eine nicht verschobene Potenzfunktion aufgestellt werden soll, die durch die Punkte geht.

x	0,5	1,5
y	-0,1875	-5,0625

Einsetzen der beiden Punkte in die Gleichung $f(x) = a \cdot x^z$ liefert:

$$\begin{array}{rl} \text{I} & -0{,}1875 = a \cdot 0{,}5^z \\ \text{II} & -5{,}0625 = a \cdot 1{,}5^z \end{array} \Rightarrow \frac{\text{Gleichung I}}{\text{Gleichung II}} \Rightarrow \frac{-0{,}1875}{-5{,}0625} = \frac{a \cdot 0{,}5^z}{a \cdot 1{,}5^z}$$

Auflösen dieser Gleichung liefert den gesuchten Parameter z:

$$\begin{aligned} \Rightarrow \quad 27 &= \left(\tfrac{a \cdot 0{,}5}{a \cdot 1{,}5}\right)^z \quad | \ a \ \text{kürzen} \\ \Leftrightarrow \quad 27 &= 3^z \quad | \log() \\ \Leftrightarrow \quad \log(27) &= z \cdot \log(3) \quad | : \log(3) \\ \Leftrightarrow \quad \tfrac{\log(27)}{\log(3)} &= z \\ \Leftrightarrow \quad 3 &= z \end{aligned}$$

Anschließend setzen wir den Parameter $z = 3$ und einen der beiden Punkte, hier $(0{,}5|-0{,}1875)$, in die allgemeine Funktionsgleichung ein und erhalten den noch übrigen Parameter a:

$$-0{,}1875 = a \cdot 0{,}5^3 \ \Leftrightarrow \ a = -1{,}5$$

Die gesuchte Potenzfunktion lautet $f(x) = -1{,}5 x^3$.

8.3 Indirekte Proportionalität

Wir haben ja in Kapitel 7.3 schon die direkte und die nicht direkte Proportionalität kennen gelernt. Jetzt kommen wir zum Gegenteil der direkten Proportionalität, nämlich der indirekten.

Wir interpretieren die indirekte Proportionalität einfach als das Gegenteil der direkten: Umso mehr von einer Größe, je weniger von der anderen umso weniger von der einen Größe, umso mehr von der anderen. Die allgemeine Funktionsgleichung lautet:

Unterschied Proportional / Antiproportional

$$f(x) = a \cdot x^{-z} \quad \text{bzw.} \quad f(x) = \frac{a}{x^z}$$

Wichtig Es darf in der Formelgleichung keinen Konstante geben, es gilt $b = 0$!

Aufgabe

A.8.3.1 Die Zeit, die für eine Aufgabe benötigt wird, ist abhängig von der Anzahl der damit beschäftigten Arbeiter. Die Abhängigkeit der benötigten Zeit Z von der Anzahl der Arbeiter x kann durch eine Funktion beschrieben werden. Z verhält sich zu x indirekt proportional. Bei sonstigen gleichbleibenden Bedingungen braucht ein Arbeiter alleine 5 Stunden für die Aufgabe. Ermittle den Term der Funktionsgleichung!

Lösungen

Notizen

9 Polynomfunktionen

9.1 Grundlagen

Die allgemeine Form für eine Polynomfunktion (auch ganzrationale Funktion genannt) lautet beim

3. Grad: $y = ax^3 + bx^2 + cx + d$
4. Grad: $y = ax^4 + bx^3 + cx^2 + dx + e$
⋮

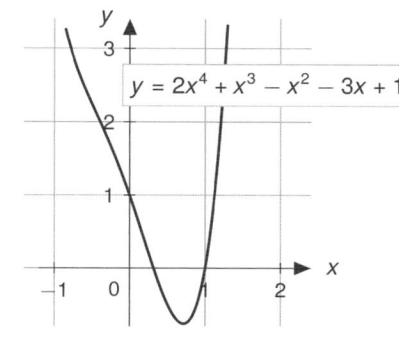

$y = 2x^4 + x^3 - x^2 - 3x + 1$

Einstieg

Um die Nullstellen der Funktion zu berechnen, setzen wir die Funktionsgleichung einfach gleich 0 und berechnen x. Im Kapitel 6.4 sind noch mal die wichtigsten Schritte zusammengefasst. Die Nullstellen von Polynomfunktionen höheren Grades sind manchmal gar nicht so einfach händisch zu berechnen. Ab und zu muss die Polynomdivision angewendet werden und du solltest dich früh genug mit deinem Taschenrechner bzw. GeoGebra vertraut machen, um die entsprechenden Befehle zu kennen.

9.2 Zusammenhänge der Null-, Extrem - und Wendestellen

Nullstellen: Eine Polynomfunktion vom Grad n hat maximal n Nullstellen. Das heißt beispielsweise, dass eine Polynomfunktion 4. Grades höchstens vier Nullstellen haben kann. Sie kann aber auch drei, zwei, eine oder gar keine Nullstelle besitzen.

Extremstellen: Eine Polynomfunktion vom Grad n hat maximal $n - 1$ Extremstellen.

Wendestellen: Eine Polynomfunktion vom Grad n hat maximal $n - 2$ Extremstellen.

Bsp. Funktion 3. Grades

Tipp Achte bei der Aufgabenstellung ganz genau auf Ausdrücke wie *immer* und *nie*. Lass dich davon nicht in die Irre führen!

Aufgabe

A.9.2.1 Wie viele verschiedene Null-, Extrem- und Wendestellen kann eine Polynomfunktion dritten Grades haben? Veranschauliche deine Lösung anhand von Skizzen.

Lösungen

Notizen

10 Exponentialfunktionen

10.1 Grundlagen

> Eine Funktion heißt Exponentialfunktion (zur Basis b), wenn sie die Form
>
> $$f(x) = a \cdot b^x \quad \text{bzw. auch} \quad f(x) = a \cdot e^{-\lambda x}$$
>
> aufweist, wobei a und b eine beliebige positive Konstante bezeichnet. Falls $b = e$ ist, spricht man im Allgemeinen von *der* e-Funktion.

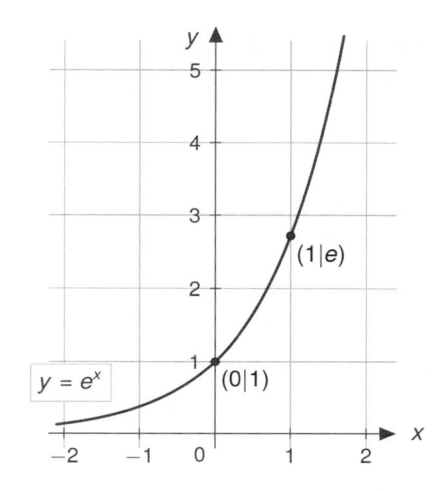

Es handelt sich hierbei um die eulersche Zahl $e \approx 2{,}72$ – eine irrationale Zahl wie z.B. die Kreiszahl π. Die Form der Exponentialfunktion erinnert uns an einen Potenzausdruck, wobei die Rolle von Basis und Exponent vertauscht wird!

Einstieg

10.2 Parameter ermitteln und deuten

Wir betrachten die allgemeine Exponentialfunktion

$$f(x) = a \cdot b^x$$

und schauen uns die einzelnen Parameter genauer an.

Der Parameter a ist der Funktionswert von f an der Stelle 0. Der Graph schneidet demnach die y-Achse im Punkt $(0|a)$. Da Exponentialfunktionen meist Wachstums- oder Zerfallsprozess modellieren, kann man a in diesem Zusammenhang auch als *Startwert*, also Ausgangsmenge definieren.

Exponentialfunktionen, der Form $f(x) = b^x$ gehen immer durch den Punkt $(0|1)$. Wir könnten nämlich einfach $a = 1$ in diese Gleichung einsetzen, also $f(x) = 1 \cdot b^x$. Das würde an der Gleichung nichts ändern, aber wir sehen hier im Hinblick auf die vorherige Interpretation von a deutlich, warum Exponentialfunktionen der Form $f(x) = b^x$ die y-Achse bei 1 schneiden müssen.

Der Parameter *b* heißt auch *Basis*. Er ist das Maß für die Stärke des Steigens bzw. Fallens der Funktion. und kann keine negativen Werte annehmen. Liegt *b* zwischen 0 und 1, fällt die Funktion; ist *b* größer als 1, steigt die Funktion. Umso größer *b* ist, umso stärker steigt die Funktion auch.

Wir können mit *b* eine prozentuelle Zu- oder Abnahme beschreiben. Soll die Funktion um 10% steigen, muss *b* den Wert $b = 1 + 10\% = 1 + 0{,}1 = 1{,}1$ annehmen. Der Wert muss unbedingt größer als 1 sein, sonst würde die Funktion ja fallen. Soll die Funktion um 10% fallen, muss *b* den Wert $b = 1 - 10\% = 1 - 0{,}1 = 0{,}9$ annehmen. Der Wert muss hier unbedingt kleiner als 1 sein, da die Funktion ja fällt. Das bedeutet, dass nach beispielsweise einer Zeiteinheit *t* noch 90% der Ausgangsmenge *a* da sind. Zusammengefasst:

$$0 < b < 1 \quad \text{Funktion fällt}$$
$$b > 1 \quad \text{Funktion steigt}$$

Wichtig Du musst für die Matura unbedingt folgende Eigenschaften von Exponentialfunktionen verstehen:

$$f(x + 1) = b \cdot f(x)$$

Aber was bedeutet das jetzt? Wir haben so eine ähnliche Eigenschaft schon bei linearen Funktionen kennengelernt. Lineare Funktionen haben eine konstante Steigung *k*, Exponentialfunktionen aber eine konstante relative Steigung. Das bedeutet, dass sie nicht um den absoluten Betrag *k* steigen, sondern um einen relativen Betrag *b*, der von der Ausgangsmenge *a* abhängt, steigt.

Erhöhen wir also *x* um 1 Einheit, steigt folglich die gesamte Funktion in Abhängigkeit von $b \to b \cdot f(x)$.

Aufgabe

A.10.1 Gegeben sei die folgende Exponentialfunktion mit $f(t) = a \cdot 2^t$, $a \in (0, \infty)$ und der nebenstehenden Abbildung. Die Funktion beschreibt das Wachstum einer Bakterienmenge (in Tausenderschritten) in Abhängigkeit der Zeit *t* (in Stunden).

- Welchen Wert nimmt hier der Parameter *a* ein und warum?
- Wie lässt sich dieser Wert in dieser Aufgabenstellung interpretieren?

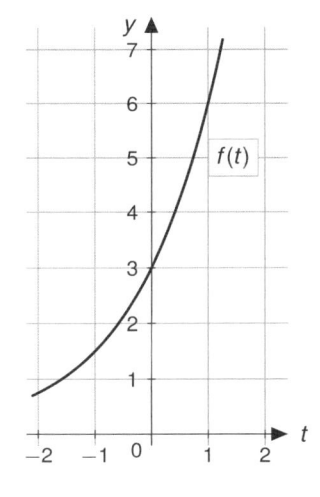

11 Wachstumsprozesse

Berechnungen zu Wachstum bzw. Wachstumsprozessen beschäftigen sich mit der Entwicklung von einem Bestand. Eine wichtige Idee dabei ist, dass die Änderung des Bestands (also Zunahme und Abnahme) die Ableitung des Bestands ist.

11.1 Lineares Wachstum

Das lineare Wachstum ist sehr, sehr einfach. Es handelt sich hierbei um einen Bestand mit einer gleichmäßigen Entwicklung! Es kommt also in jeder Zeitspanne immer die gleiche Menge dazu (oder geht weg). Das lineare Wachstum wird durch eine Gerade beschrieben, der Ansatz lautet also:

$$y = k \cdot x + d \quad \text{oder auch} \quad f(t) = k \cdot t + d$$

Lineares Wachstum

Beispiel In einen Tümpel, der anfangs 200 m³ dreckiges, stinkendes Wasser enthält, fließen täglich 4 m³ sauberes, kristallklares Wasser dazu.

1. Wieviel Wasser enthält der See nach 50 Tagen?

   Lineares Wachstum wird einfach durch unsere bekannte Geradengleichung beschrieben. Da Wachstumsprozesse meist von der Zeit t (Englisch für *time*) abhängen, seht ihr oft auch $f(t) = k \cdot t + d$. Hier hängt der Bestand f von der Zeit t ab. d bezeichnet hierbei den Bestand zum Zeitpunkt 0, k die Zunahme pro Zeiteinheit t [Tage]. Unser Beispiel können wir also wie folgt beschreiben:

   $$f(t) = 4 \cdot t + 200 \quad [\text{m}^3]$$

   Um herauszufinden, wie viel Wasser nach 50 Tagen enthalten ist, setzen wir $t = 50$ in die obige Gleichung ein und erhalten:

   $$B(50) = 4 \cdot 50 + 200 = 400 \quad [\text{m}^3]$$

   Antwort: Nach 50 Tagen sind 400 m³ in dem Tümpel.

2. Wann enthält der See 1000 m³ Wasser?

   Lösungsweg 1 - Überlegen: Zu Beginn waren schon 200 m³ im Tümpel, also sind

1000 − 200 = 800 m³ hinzugekommen. Da 4 m³ täglich hinzufließen, brauche ich 800/4=200 Tage, damit 1000 m³ im Tümpel sind.

Lösungsweg 2 - Gleichung verwenden: Der Bestand f soll 1000 m³ sein. Also setzen wir die 1000 in die Geradengleichung ein und stellen nach der Unbekannten t um. Es folgt:

$$1000 = 4 \cdot t + 200 \quad \Rightarrow \quad t = 200 \text{ [Tage]}$$

3. Wann ist nur noch 1% des Wassers dreckig?

An dieser Stelle denken wir einmal nach und schauen uns den Aufgabentext an. Es fließt nur sauberes Wasser hinzu. Das einzig dreckige Wasser in dem Tümpel ist der Anfangsbestand. Demnach sind die gesuchten 1% die anfänglichen 200 m³. Mit Hilfe des Dreisatz können wir herausfinden, dass 100% also 20000 m³ sein müssen. Jetzt stellt sich die Frage, wann 20000 m³ im Tümpel sind. Das können wir genau so wie Aufgabenteil 2. lösen. Wir verwenden hier den zweiten Lösungsweg und erhalten:

$$20000 = 4 \cdot t + 200 \quad \Rightarrow \quad t = 4950 \text{ [Tage]}$$

11.2 Exponentielles Wachstum

Im vorherigen Kapitel haben wir gelernt, was es mit dem linearen Wachstum auf sich hat. Wir haben bewusst auf die Darstellung des linearen Zerfalls verzichtet, weil die Abläufe identisch sind. Der einzige Unterschied ist, dass etwas immer gleich viel abnimmt anstatt zunimmt.

Exponentielles Wachstum ist ein Wachstum, in welchem die Zunahme (oder Abnahme) immer proportional zum Bestand ist, sprich: zum bereits vorhandenen Bestand kommt immer der gleiche prozentuale Anteil dazu (oder geht weg). Standardbeispiel: Zinsen bei der Bank (zu einem angelegten Kapital kommt immer der gleiche Zinssatz dazu).

> Exponentielles Wachstum wird durch die Funktionsgleichung
>
> $$\text{Endwert} = \text{Startwert} \cdot \text{Basis}^x$$
> $$f(x) = s \cdot b^x$$
> $$\text{oder} \quad N(t) = N(0) \cdot a^t$$
>
> mit $q > 1$ als Wachstumsfaktor und $q < 1$ als Zerfallsfaktor beschrieben.

Was bedeutet das jetzt? Hier ein paar Beispiele:

- 200 Fliegen verdoppeln täglich ihre Anzahl: $N(t) = 200 \cdot 2^t$
- 200 Fliegen halbieren tägliche ihre Anzahl: $N(t) = 200 \cdot 0{,}5^t$
- 200 Fliegen vermehren sich täglich um 7 %. Allgemein: $N(t) = N(0) \cdot \left(1 + \frac{p}{100}\right)^t$

$$N(t) = 200 \cdot \left(1 + \frac{7}{100}\right)^t = 200 \cdot 1{,}07^t$$

11.2 Exponentielles Wachstum

- 200 Fliegen werden täglich 5 % weniger. Allgemein: $N(t) = N(0) \cdot \left(1 - \frac{p}{100}\right)^t$

$$N(t) = 200 \cdot \left(1 - \frac{5}{100}\right)^t = 200 \cdot 0{,}95^t$$

Die nachfolgende Abbildung soll euch als Übersicht zum Thema Wachstumsprozesse dienen. Hier sind lineare und exponentielle Prozesse gegenübergestellt, so dass die Unterschiede deutlich werden können.

Lineares Wachstum
z.B. monatliches Taschengeld

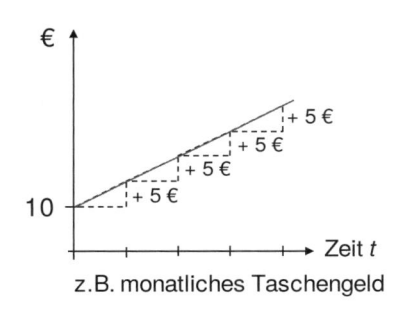

Exponentielles Wachstum
z.B. Geld auf Konto (Zinses-Zins)

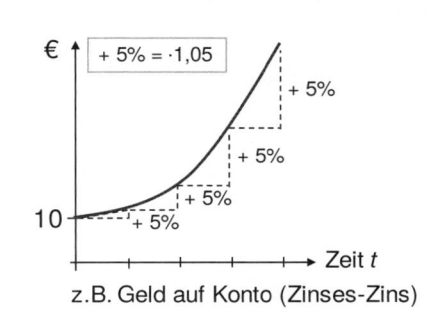

Lineare Abnahme/Zerfall
z.B. abbrennende Kerze

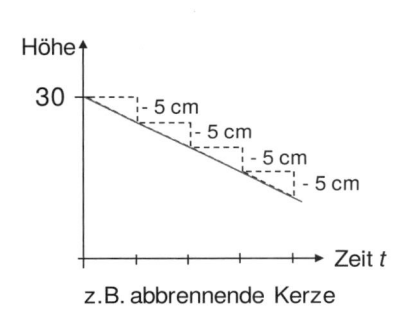

Exponentielle Abnahme/Zerfall
z.B. radioaktiver Zerfall von Atomen

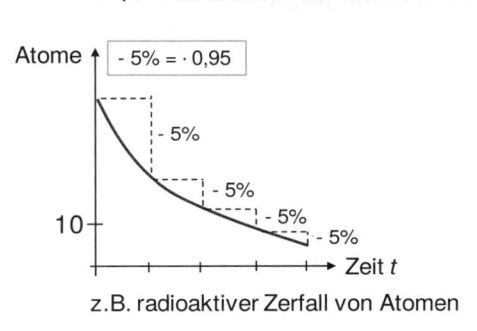

Wichtig Bei der Exponentialfunktion ist die relative, also prozentuelle Steigung konstant. Das bedeutet der prozentuelle (=relative) Zuwachs bzw. die prozentuelle Abnahme der Exponentialfunktion bleibt immer gleich. Die Werte steigen aber nicht um denselben konstanten Betrag wie bei der linearen Funktion. Im Gegensatz dazu steigt die lineare Funktion immer um denselben absoluten Betrag k, ihre prozentuelle Steigung ändert sich aber. Wir merken uns:

> **Lineare Funktion:** Steigung k konstant
>
> **Exponentialfunktion:** relative Steigung, b in Abhängigkeit von a konstant

Typisch für exponentielles Wachstum ist die *Verdopplungszeit* bzw. *Generationszeit*, wo gefragt wird, wann der doppelte Startwert (oder Anfangsbestand) erreicht wird und die *Halbwertszeit* (bei exponentieller Abnahme), wo gefragt wird, wann der halbe Startwert (oder Anfangsbestand) erreicht wird. Da bei der Verdopplungszeit immer nach dem doppelten Startwert ($2 \cdot S$) mit S als Startwert gefragt wird, steht auf der linken Seite der Gleichung immer eine 2 bzw. eine 0,5 bei der Halbwertszeit. **Beispiel**:

Verdopplungszeit:				Halbwertszeit:			
	$N(t)$	$=$	$200 \cdot 1{,}05^t$		$N(t)$	$=$	$200 \cdot 0{,}8^t$
$\Rightarrow$	400	$=$	$200 \cdot 1{,}05^t \quad \mid : 200$	$\Rightarrow$	100	$=$	$200 \cdot 0{,}8^t \quad \mid : 200$
$\Leftrightarrow$	2	$=$	$1{,}05^t \quad \mid \text{mit log}$	$\Leftrightarrow$	$0{,}5$	$=$	$0{,}8^t \quad \mid \text{mit log}$
$\Leftrightarrow$	t	$=$	$\log_{1{,}05}(2)$	$\Leftrightarrow$	t	$=$	$\log_{0{,}8}(0{,}5)$

11.2.1 e-Funktion, die besondere Exponentialfunktion

Wenn die Basis der Exponentialfunktion die eulersche Zahl e ist, dann sprechen wir von DER Exponentialfunktion. Häufig wird bei Aufgaben zu Wachstums- oder Zerfallsprozessen die Basis e gewählt. Die allgemeine Form lautet:

$$f(t) = a \cdot e^{\pm k \cdot t}$$

mit $\quad k = ln(1 + \dfrac{p}{100}) \quad$ als Wachstumskonstante

und $\quad k = ln(1 - \dfrac{p}{100}) \quad$ als Zerfallskonstante.

11.2.2 Exponentialfunktion aufstellen mit 2 Punkten

Häufig sind die Aufgaben bei Wachstumsprozessen so gestellt, dass aus dem Aufgabentext zwei Punkte herausgefunden werden müssen und man aus diesen zwei Punkten eine Exponentialfunktion aufstellen muss. Dazu gucken wir uns direkt mal ein typisches Beispiel an.

Beispiel Daniel hat einen normalen Hormonspiegel von 6 mg/l. Als er Chantal zum ersten Mal sieht, schnellt der Hormonspiegel innerhalb von 3 Minuten auf 9 mg/l. Wie hoch ist der Hormonspiegel nach einer Viertelstunde, wenn man von einer Entwicklung gemäß $h(t) = a \cdot e^{kt}$ ausgehen kann?

Aufstellen mit einem Punkt

Wie gehen wir vor? Die Form der Funktion, hier Exponentialfunktion, ist bereits gegeben. Folgende Informationen müssen aus der Aufgabenstellung herausgezogen werden:

$t = 0 : h(0) = 6 \quad$ daraus folgt der Punkt $P_1(0|6)$

$t = 3 : h(3) = 9 \quad$ daraus folgt der Punkt $P_2(3|9)$

Gesucht ist der Hormonspiegel nach einer Viertelstunde, also $h(15)$.

Aufstellen mit zwei Punkten

Aus $P_1(0|6)$ und $P_2(3|9)$ folgen dann zwei Gleichungen, die wir nach den uns bekannten Verfahren auflösen.

$$\text{I} \quad 6 = a \cdot \underbrace{e^{k \cdot 0}}_{=1} \qquad \text{II} \quad 9 = a \cdot e^{k \cdot 3}$$

Aus Gleichung I folgt direkt $a = 6$ und das setzen wir in Gleichung II ein und erhalten:

$$\begin{aligned} & & 9 &= 6 \cdot e^{k \cdot 3} & &\mid : 6 \\ &\Leftrightarrow & 1{,}5 &= e^{3k} & &\mid \ln \\ &\Leftrightarrow & \ln(1{,}5) &= 3k & &\mid : 3 \\ &\Leftrightarrow & k &= \dfrac{\ln(1{,}5)}{3} \approx 0{,}135 \end{aligned}$$

Damit folgt für die gesuchte Wachstumsfunktion: $h(t) = 6 \cdot e^{0,135 \cdot t}$. Wenn Ihr die Funktion habt, ist der Rest meist einfach. Daniel hat nach 15 Minuten einen Hormonspiegel von

$$h(15) = 6 \cdot e^{0,135 \cdot 15} \approx 45{,}46 \quad \left[\frac{\text{mg}}{\text{l}}\right].$$

Beachtet bitte, dass die Rundungsfehler bei e-Funktionen sehr hoch sind.

11.2.3 Unbegrenztes Wachstum bzw. unbegrenzter Zerfall

In diesem Abschnitt sollt ihr eine Übersicht zu unbegrenztem Wachstum/Zerfall bekommen. Wir haben $N(t)$ als den y-Wert, der raus kommt, wenn ich einen Anfangswert $N(0)$ mal den Faktor $e^{k \cdot t}$ habe. Der Parameter k muss dabei größer als Null sein. Dabei ist es egal, ob Wachstum oder Zerfall vorliegt.

Unbegrenztes Wachstum / Zerfall

Unbegrenztes Wachstum:	Unbegrenzter Zerfall:
$N(t) = N(0) \cdot e^{k \cdot t}$	$N(t) = N(0) \cdot e^{-k \cdot t}$
$N'(t) = k \cdot N(0) \cdot e^{k \cdot t}$	$N'(t) = -k \cdot N(0) \cdot e^{-k \cdot t}$
$= k \cdot N(t)$	$= -k \cdot N(t)$
Verdopplungszeit: $t = \frac{\ln(2)}{k}$	Halbwertszeit: $t = \frac{\ln(0,5)}{-k}$

Beispiel zur Halbwertszeit: In lebenden Organismen beträgt der Anteil des Kohlenstoffisotops C14 etwa ein Billionstel aller Kohlenstoffatome. In abgestorbenen Organismen zerfällt das C14-Isotop exponentiell. Nach 1000 Jahren sind noch ca. 0,886 Billionstel vorhanden. Bestimme die Halbwertszeit von C14.

Es liegt ein unbegrenzter Zerfall vor. Unser Ansatz lautet zunächst $N(t) = N(0) \cdot e^{-kt}$. Wir müssen also den Anfangswert $N(0)$ und k bestimmen. Zwei Informationen sind im Aufgabentext gegeben, um die gesuchten Werte zu bestimmen:

- Anfangswert: $N(0) = 1$
- Nach 1000 Jahren: $N(1000) = 0{,}886$

Hinweis: Die Einheit ist Billionstel. Wir erhalten

$$
\begin{aligned}
0{,}886 &= 1 \cdot e^{-k \cdot 1000} \quad | \text{ logarithmieren} \\
\Leftrightarrow \ln(0{,}886) &= -k \cdot 1000 \\
\Leftrightarrow k &\approx 0{,}000121
\end{aligned}
$$

und damit die Funktion, die den unbegrenzten Zerfall beschreibt: $N(t) = 1 \cdot e^{-0,000121 \cdot t}$.

Erst jetzt beginnen wir mit der Fragestellung. Wir verwenden einfach die Formel von oben und es folgt für die Halbwertszeit:

$$t = \frac{\ln(0{,}5)}{-0{,}000121} \approx 5728 \text{ Jahre}$$

11.2.4 Beschränktes Wachstum und beschränkte Abnahme

Grundsätzlich unterscheidet man zwischen beschränktem Wachstum und beschränkter Abnahme. Ganz allgemein gilt:

$$f(t) = S \pm c \cdot e^{-k \cdot t}, \text{ mit } k > 0, s \in \mathbb{R} \text{ und } t$$

Beschränktes Wachstum
$f(t) = 30 - 16 \cdot e^{-0,05\,t}$

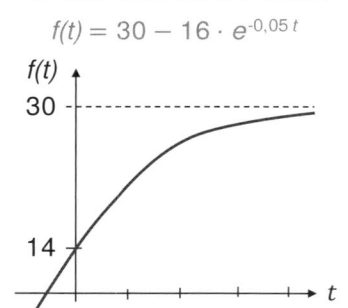

Beschränkte Abnahme
$g(t) = 30 + 16 \cdot e^{-0,05\,t}$

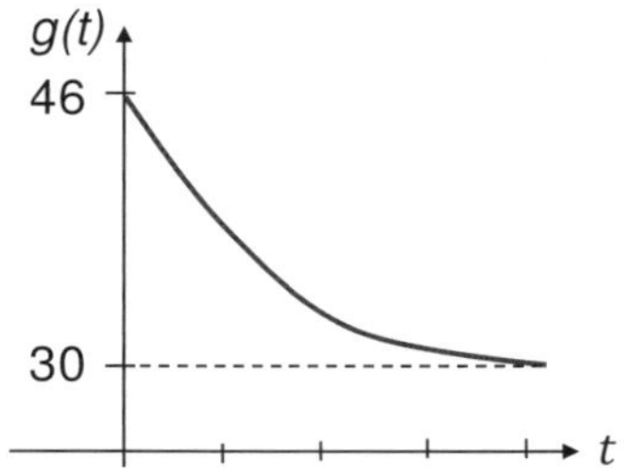

Beschränktes Wachstum Zerfall

Beispiel für beschränktes Wachstum: Ihr holt ein Glas Milch aus dem Kühlschrank und stellt es in euer Zimmer. Wir haben eine Zunahme der Temperatur, die beschränkt ist auf die Raumtemperatur.

Beispiel für beschränkte Abnahme: Ihr erhitzt ein Glas Milch und stellt es in euer Zimmer. Wir haben eine Abnahme der Temperatur, die beschränkt ist auf die Raumtemperatur.

Charakteristisch für beschränktes Wachstum oder beschränkte Abnahme ist, dass die Steigung mit steigender Zeit abnimmt. Unterschied zu logistischem Wachstum!

11.2.5 Logistisches Wachstum

Logistisches Wachstum

Ähnlich wie beim beschränkten Wachstum erkennt ihr, wenn man nach rechts schaut, dass die Steigung des Graphen immer weiter abnimmt bis sie 0 ist und sich einem Grenzwert asymptotisch annähert.

Anders als beim beschränkten Wachstum ist es aber so, dass die Wachstumsgeschwindigkeit zu Beginn zunimmt, bevor sie abnimmt. In der Abbildung seht ihr ein Beispiel, wie logistisches Wachstum graphisch aussehen könnte.

$$f(t) = \frac{10}{0,5 + 19,5 \cdot e^{-0,04\,t}}$$

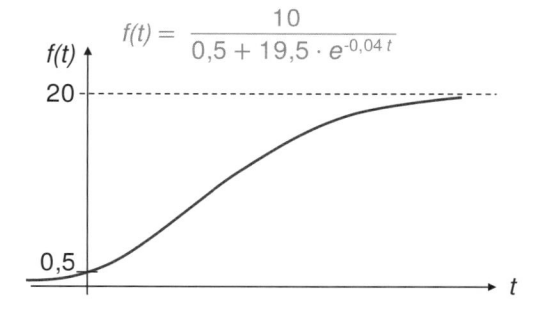

Wie kommt man auf den Grenzwert bei $f(t)$ (Schranke S), der hier 20 ist?

Einfach ausgedrückt: Zahl oben durch Zahl, die alleine steht, ist die sogenannte Schranke, bei der sich der Graph vom Wert her einpendelt. In unserem Beispiel: $10/0,5 = 20$.

Die Zahl, die unter dem Bruchstrich alleine steht, ist zeitgleich der Schnittpunkt mit der y-Achse. Hier: 0,5. Damit hat man alle Sonderheiten geklärt.

11.2 Exponentielles Wachstum

Allgemein gilt für logistisches Wachstum folgende Gleichung:

$$f(t) = \frac{a \cdot S}{a + (S-a) \cdot e^{-Skt}}, \text{ wobei } a = f(0),\ 0 < a < S,\ k > 0 \text{ und } S > 0.$$

Größerer Wachstums-/Zerfallszeitraum

Wenn ein größerer Zeitraum als *täglich, stündlich, minütlich* vorgegeben ist, z.B. alle 4 Tage werden 200g 20% mehr, habt ihr zwei Möglichkeiten, die Exponentialfunktion aufzustellen:

1) Richtigen Wachstumsfaktor ausrechnen!

$$f(x) = 200 \cdot q^x$$
$$\underbrace{240}_{200+20\%} = 200 \cdot q^4 \quad |:200$$
$$1{,}2 = q^4 \quad | \text{ 4. Wurzel ziehen}$$
$$q = \sqrt[4]{1{,}2} \Rightarrow f(x) = 200 \cdot \left(\sqrt[4]{1{,}2}\right)^x$$

2) Exponenten anpassen!

$$f(x) = 200 \cdot (\underbrace{1{,}2}_{1+\frac{0{,}2}{100}})^{\frac{1}{4}x}$$
$$= 200 \cdot \left(1{,}2^{\frac{1}{4}}\right)^x$$
$$= 200 \cdot \left(\sqrt[4]{1{,}2}\right)^x$$

Aufgaben

A.11.1 Eine Population einer Bakterienkultur kann beschrieben werden durch die Funktion $f(t) = 100e^{0{,}25t}$, wobei t die Anzahl der Tage angibt.

a) Nach wie vielen Tagen werden es 100.000 Bakterien sein?

b) Bestimme den Zeitraum, in dem sich die Population verdoppelt.

A.11.2 Wenn man ein Bier in den Kühlschrank stellt, kann die Temperaturentwicklung durch folgende Funktion beschrieben werden: $T(t) = 6 + 14e^{-0{,}05t}$, t in Minuten.

a) Daniel mag sein Bier am liebsten, wenn es exakt 8 Grad hat. Wie lange muss das Bier dafür im Kühlschrank stehen?

b) Wie lange dauert es, bis das Bier nur noch 0,1 Grad wärmer ist als der Kühlschrank?

Notizen

12 Trigonometrische Funktionen

12.1 Grundlagen

Sinusfunktion

Wichtige Eigenschaften der Sinusfunktion $f(x) = \sin(x)$:

- periodische Funktion mit Periode 2π, d.h. dass der Graph der Sinusfunktion sich nach jeder Periode wiederholt.
- Definitionsbereich $D = \mathbb{R}$
- $W = [-1, 1]$
- schneidet die y-Achse bei $(0|0)$
- punktsymmetrisch zum Ursprung

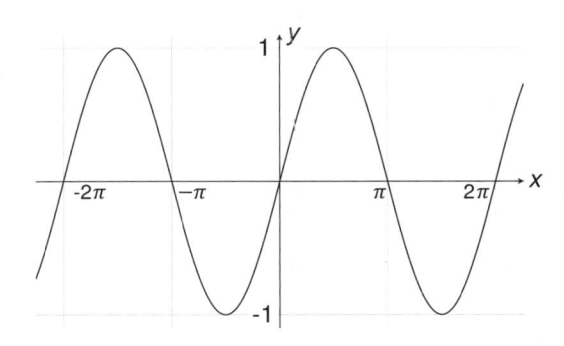

Die allgemeine Sinusfunktion lautet: $f(x) = a \cdot \sin(bx + c) + d$

Cosinusfunktion

Wichtige Eigenschaften der Cosinusfunktion $f(x) = \cos(x)$:

- periodische Funktion mit Periode 2π, d.h. dass der Graph der Cosinusfunktion sich nach jeder Periode wiederholt.
- Definitionsbereich $D = \mathbb{R}$
- $W = [-1, 1]$
- schneidet die y-Achse bei $(0|1)$
- achsensymmetrisch zur y-Achse

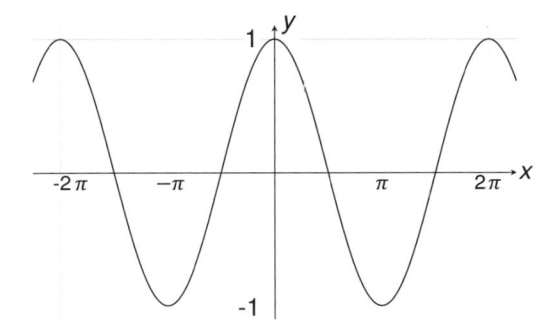

Die allgemeine Cosinusfunktion lautet: $f(x) = a \cdot \cos(bx + c) + d$

Grundlagen sin und cos

Tangensfunktion

Wichtige Eigenschaften der Tangensfunktion $f(x) = \tan(x)$:

- Die Tangensfunktion wiederholt sich in regelmäßigen Abständen, deswegen nennt man die Tangensfunktion auch periodisch.
- Den Abstand zwischen zwei Wiederholungen nennt man die kleinste Periode T.
- $W = \mathbb{R}$
- Eine weitere Eigenschaft der Tangensfunktion ist, dass ihr Graph punktsymmetrisch zum Ursprung $(0|0)$ ist

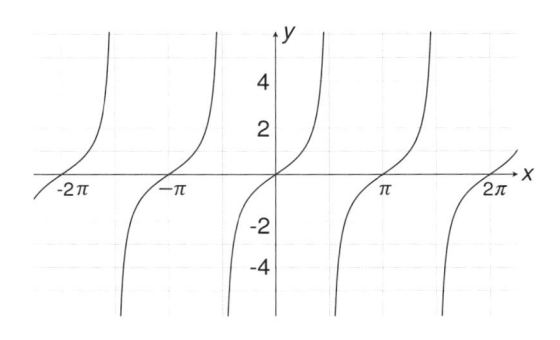

Ableiten von sin, cos und tan

Beispiele

sin, cos im Bruch ableiten

Hier eine Übersicht über die Ableitungen der Sinus- und Cosinusfunktion:

$$f(x) = \sin(x) \Rightarrow f'(x) = \cos(x)$$
$$f(x) = \cos(x) \Rightarrow f'(x) = -\sin(x)$$
$$f(x) = -\sin(x) \Rightarrow f'(x) = -\cos(x)$$
$$f(x) = -\cos(x) \Rightarrow f'(x) = \sin(x)$$

Die Ableitung des Tangens ist ein wenig schwieriger:

$$f(x) = \tan(x) = \Rightarrow f'(x) = \frac{1}{\cos^2(x)} = 1 + \tan^2(x)$$

Der Tangens kann auch mit der Quotientenregel abgeleitet werden, wenn man weiß, dass der Tangens mit Sinus und Cosinus zu

$$f(x) = \tan(x) = \frac{\sin(x)}{\cos(x)}$$

umgeschrieben werden kann. Dann folgt für die Ableitung

$$f'(x) = \frac{\cos^2(x) + \sin^2(x)}{\cos^2(x)} = \frac{1}{\cos^2(x)}$$

mit $\cos^2(x) + \sin^2(x) = 1$.

12.2 Parameter ermitteln und deuten

Wir betrachten nochmal die allgemeine Sinusformel:

$$f(x) = a \cdot \sin(bx + c) + d$$

Je nachdem, welche Werte für die Parameter eingesetzt werden, ändert sich die Funktion folgendermaßen:

12.2 Parameter ermitteln und deuten

- *a* wirkt sich auf die Amplitude (= Schwingungsweite) der Funktion aus. Man könnte auch einfach sagen, sie bestimmt wie *hoch* oder *tief* die Funktion schwingt. Es gilt:

  $0 < a < 1$ schwingt weniger hoch, die Amplitude verkleinert sich

  $a > 1$ schwingt höher, die Amplitude vergrößert sich

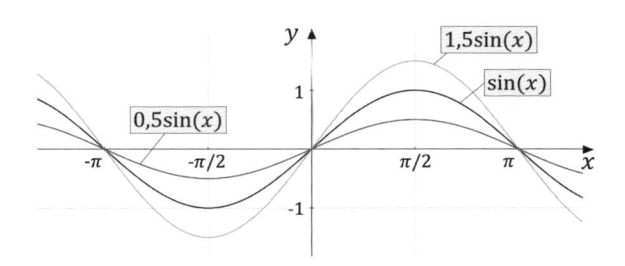

- *b* wirkt sich auf die Frequenz (= Periodenlänge) der Funktion aus. Dieser Parameter bestimmt, ob es zu einer Stauchung oder Streckung kommt. Es gilt:

  $0 < b < 1$ Frequenz vermindert sich: Funktion schwingt *langsamer*, also weniger oft

  $b > 1$ Frequenz erhöht sich: Funktion schwingt *schneller*, also öfter

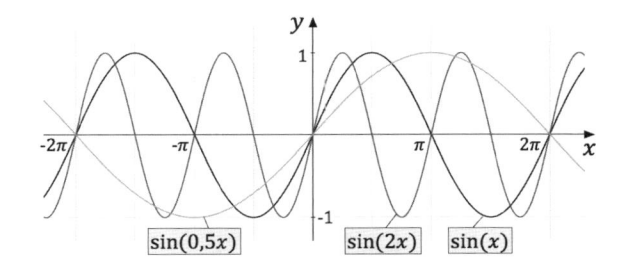

- *c* verschiebt die Funktion nach rechts oder links, es kommt zu einer Phasenverschiebung. Es gilt:

  $c < 0$ Funktion verschiebt sich nach rechts

  $c > 0$ Funktion verschiebt sich nach links

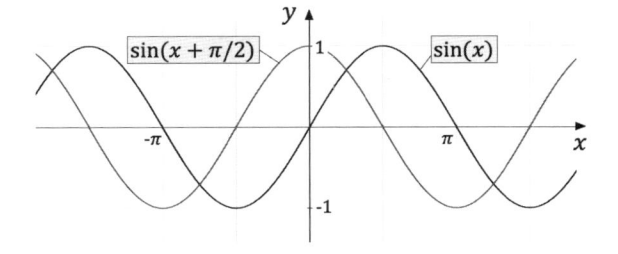

- *d* verschiebt die Funktion als Ganzes nach oben oder unten. Es gilt:

  > $d < 0$ Funktion verschiebt sich nach unten
  >
  > $d > 0$ Funktion verschiebt sich nach oben

Die Verschiebung der Cosinusfunktion funktioniert dazu analog.

Wichtig! Du musst für die Matura unbedingt noch wissen, dass $\cos(x) = \sin(x + \pi)$ gilt. Die Cosinusfunktion ist also gleich der Sinusfunktion, wenn diese um π nach links verschoben wird.

Teil III

Analysis

13 Änderungsmaße

13.1 Absolute und relative Änderung

Um Veränderungen ausreichend beschreiben zu können, solltest du unbedingt den Unterschied zwischen der absoluten und der relativen Änderung kennen. Wir nehmen als **Beispiel** einfach mal eine Aktie her. Dass Aktienkurse oft sehr stark schwanken, ist ja allgemein hin bekannt. Unsere Aktie hatte gestern (t_1) noch einen Wert von 2 Euro und ist heute (t_2) auf einen Wert von 2,5 Euro gestiegen.

> Ganz allgemein lautet die Form für die **absolute Änderung**: $f(b) - f(a)$

In unserem Fall also $f(t_2) - f(t_1) = 2{,}5 - 2 = 0{,}5$ Euro. Die absolute Änderung gibt dir in diesem Beispiel die Wertzunahme (wenn Ergebnis positiv) bzw. Wertabnahme (wenn Ergebnis negativ) in Euro an. Es kommt hier nur darauf an, um welchen absoluten Betrag die Aktie gestiegen ist.

Im Gegensatz dazu beachtet die relative Änderung auch die Veränderung im Verhältnis zum vorhergehenden Wert.

> Die allgemeine Form der **relativen Änderung** lautet:
> $$\frac{f(b) - f(a)}{f(a)}$$

In unserem Fall also $\frac{f(t_2)-f(t_1)}{f(t_1)} = \frac{2{,}5-2}{2} = 0{,}25$. Die relative Änderung beschreibt die prozentuale Zu- oder Abnahme (hier 25 % Zunahme) des Aktienkurses von gestern auf heute.

Absolute und relative Änderungen kommen beispielsweise beim Vergleich von linearen Funktionen und Exponentialfunktionen vor. Bei der linearen Funktion ist die absolute Änderung, also der absolute Betrag um den die Funktion steigt, immer konstant. Bei der Exponentialfunktion hingegen ist die relative, also die prozentuale Steigung konstant. Für eine genauere Ausführung schau dir das Kapitel 10 im Teil Funktionen noch einmal an.

Aufgaben

A.13.1.1 Die Kosten für die Produktion eines Laptops sind von 150 Euro auf 175 Euro gestiegen. Gib die relative Änderungsrate an und interpretiere sie im Zusammenhang der Aufgabenstellung!

A.13.1.2 In einem Ort beträgt die Tagesdurchschnittstemperatur an Tag 1 22° und an Tag 5 20°. Gib die absolute und relative Änderungsrate der Temperatur während der ersten 5 Tage an!

13.2 Differenzenquotient und Differentialquotient

13.2.1 Sekantengleichung aufstellen

Die *Sekante* schneidet eine Funktion $f(x)$ in zwei Punkten. Im Sachzusammenhang gesehen beschreibt die Steigung der Sekante die durchschnittliche Änderung in einem Bereich, der durch die Schnittpunkte P_1 und P_2 der Geraden mit der Funktion gegeben ist. Zur Erinnerung: Die mittlere Änderungsrate nennt man auch Differenzenquotient.

Zur Erinnerung:

$$k = \frac{y_2 - y_1}{x_2 - x_1} \quad \text{bzw.}$$

$$k = \frac{f(x_2) - f(x_1)}{x_2 - x_1}$$

Was ist in der Regel gegeben?

- Funktion, hier $f(x) = 3x^2 + 1$
- zwei Punkte oder zwei x-Werte, hier $P_1(-1|f(-1))$, $P_2(2|f(2))$

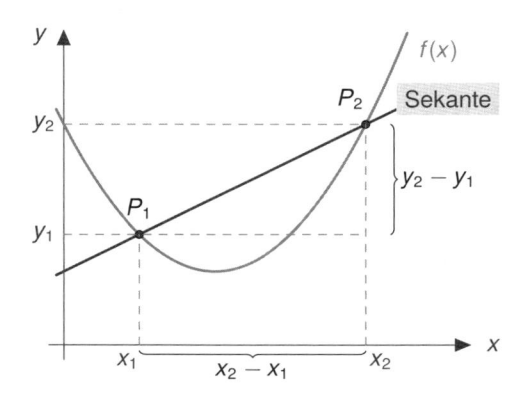

Vorgehen:

1. Allgemeine Geradengleichung: $y = kx + d$ - Wir suchen also k und d!
2. Für k: Steigung durch zwei Punkte, also $k = \frac{f(x_2) - f(x_1)}{x_2 - x_1}$
3. Für d: k und einen der beiden Punkte in allgemeine Geradengleichung einsetzen.

Für unser Beispiel wird die Sekantengleichung wie folgt berechnet:

$$y = k \cdot x + d \quad \text{mit} \quad k = \frac{(3 \cdot 2^2 + 1) - (3 \cdot 1^2 + 1)}{2 - (-1)} = \frac{9}{3} = 3 \quad \text{und } P_2(2|13)$$

$$\Rightarrow \quad 13 = 3 \cdot 2 + d \quad | -6 \quad \Leftrightarrow \quad d = 7$$

Die gesuchte Sekantengleichung lautet $y = 3x + 7$.

13.2.2 Tangentengleichung aufstellen

Um die Steigung der Tangente zu erhalten, nehmen wir wieder die zwei Punkte x_1 und x_2 auf der Sekante des vorangegangenen Kapitels. Wir *schieben* nun x_2 gegen x_1 bis sie zu einem Punkt *verschmelzen*. Die Steigung in diesem Punkt entspricht der Steigung der Tangente, oder anders ausgedrückt der Steigung der Funktion an eben genau diesem einen Punkt. Sie beschreibt im Sachzusammenhang die momentane Änderung, weshalb sie auch momentane Änderungsrate oder Differentialquotient genannt wird.

Betrachten wir die Sekante auf der vorherigen Seite. Wenn sich die beiden Punkte P_1 und P_2 nähern, folgt die Tangentensteigung:

13.2 Differenzenquotient und Differentialquotient

$$\lim_{x_2 \to x_1} \frac{f(x_2)-f(x_1)}{x_2-x_1} \approx f'(x_0) = k_{tan}$$

Allgemeine Form: $\lim_{\Delta x \to 0} \frac{f(x+\Delta x)-f(x)}{\Delta x}$. Dabei steht das Δx für den Unterschied zwischen den angenäherten Punkten. Wir lassen aber genau diesen Unterschied immer weiter schrumpfen, er nähert sich also 0 an.

Zur Erinnerung:

$$k_{tan} = f'(x_0)$$

Was ist in der Regel gegeben?

- Funktion,
  hier $f(x) = 3x^2 + 1$

- x-Wert,
  hier $P(1/f(1))$

Tangentengleichung aufstellen

Vorgehen:

1. Allgemeine Geradengleichung gesucht: $y = k \cdot x + d$. Wir suchen also k und d!

2. Ableitung $f'(x)$ bestimmen, hier $f'(x) = 6x$

3. für y: x-Wert von P in $f(x)$ einsetzen, hier $y = f(1) = 3 \cdot 1^2 + 1 \Rightarrow y = 4$

4. für k: x-Wert in $f'(x)$ einsetzen, hier $f'(1) = 6 \cdot 1 \Rightarrow k = 6$

5. für d: k, x und y in allgemeine Geradengleichung einsetzen.

Für unser Beispiel folgt:

$$y = k \cdot x + d$$
$$\Leftrightarrow 4 = 6 \cdot 1 + d$$
$$\Leftrightarrow 4 = 6 + d \quad |-6 \quad \Rightarrow \quad d = -2$$

Die gesuchte Tangentengleichung lautet $y = 6x - 2$.

Fassen wir noch einmal zusammen:

Differenzenquotient	Steigung der Sekante	mittlere Änderungsrate	beschreibt die durchschnittliche Steigung zwischen zwei Punkten der Funktion
Differentialquotient	Steigung der Tangente	momentane Änderungsrate	beschreibt die Steigung in einem bestimmten Punkt der Funktion

Aufgaben

A.13.2.1 Ein Motorrad fährt mit einer Geschwindigkeit (km/h) von $v(t) = t^2 + 20$ (t in Sekunden). Wie groß ist die durchschnittliche Beschleunigung des Motorrads zwischen 3 und 6 Sekunden? Interpretiere dein Ergebnis im Zusammenhang!

A.13.2.2 Ein Schwimmbecken wird mit Wasser befüllt. Die Wassermenge (l in Liter) wird durch den Term $l(t) = 100t^2 + 1246$ (t in Stunden) beschrieben. Was gibt der Term

$$\lim_{t_2 \to t_1} \frac{m(t_2) - m(t_1)}{t_2 - t_1}$$

in diesem Zusammenhang an?

A.13.2.3 Gegeben ist der Graph $f(x) = 0{,}3x^2$. Welche der folgenden Aussagen dazu sind richtig?

○ Die momentane Änderungsrate im Punkt $x = 3$ beträgt 1,8.

○ Die relative Änderung im Intervall [2,5] beträgt 5,25.

○ Die mittlere Änderungsrate zwischen zwei Punkten entspricht der Steigung der Sekante in diesen Punkten.

○ Die Steigung der Sekante im Intervall [1,4] wird durch den Term $\lim_{f(4) \to f(1)} \frac{f(4) - f(1)}{4 - 1}$ beschrieben.

○ Die durchschnittliche Steigung der Funktion ist im Intervall [5,7] größer als im Intervall [2,5].

13.3 Systematisches Verhalten

Lineare Differenzengleichung

Eine Differenzengleichung beschreibt die zeitliche Entwicklung einer Funktion anhand von bestimmten Regeln. Die Funktion nennen wir x_n. Diese wird in regelmäßigen Zeitintervalle eingeteilt. Die Zeitpunkte n der Funktion x_n haben also immer den gleichen Abstand. Der Start dieser Funktion, also der erste Wert heißt x_0.

Wir betrachten die lineare Differenzengleichung $x_n = a \cdot x_{n-1} + b$. Im Prinzip sieht diese Gleichung aus wie eine lineare Funktion und ist auch genauso zu verstehen: Der Zeitpunkt x_{n-1} mal der Steigung a plus der Konstante ergibt den Zeitpunkt x_n.

Umgekehrt kann man natürlich auch schreiben: $x_{n+1} = a \cdot x_n + b$.

Beschränktes Wachstum

Wir haben schon mehrere Wachstumsformen wie das lineare und exponentielle Wachstum kennengelernt. Für diese Wachstumsprozesse haben wir nie irgendwelche Grenzen oder Einschränkungen angenommen. In der Natur aber tritt unbegrenztes Wachstum so gut wie nie auf. Es gibt fast immer eine (natürliche) **Sättigungsgrenze** K.

Eine Hasenkolonie beispielsweise vermehrt sich in einem bestimmten Gebiet zu Beginn sehr schnell. Der Bestand wächst zunächst sehr schnell, nähert sich aber, wenn das Nahrungs- und

13.3 Systematisches Verhalten

Platzangebot knapp wird, der Sättigungsgrenze, also der maximalen Anzahl an Hasen, die gleichzeitig in diesem Gebiet überleben können, an.

Ein anderes Beispiel ist eine Bakterienkultur, die sich in einer Petrischale vermehren. Sie vermehrt sich wie die Hasenkolonie zunächst immer mehr, das Wachstum ist aber durch die Fläche der Schale begrenzt. Die noch freie Fläche bis zur Sättigungsgrenze K, nennt man **Freiraum**.

Wichtig Es geht in diesem Kapitel nicht darum komplizierte Berechnungen aufzustellen, sondern die Theorie dahinter zu verstehen.

Aufgaben

A.13.3.1 Eine Person nimmt täglich ein Medikament ein. Dem Körper wird so jeden Tag 0,2 mg eines Wirkstoffes zugeführt. Im Laufe des Tages baut der Körper 90% dieses Wirkstoffes wieder ab. x_n sei die im Körper vorhandene Menge (in mg) des Wirkstoffes nach n Tagen der Einnahme. Beschreibe diesen Sachverhalt durch eine Differenzengleichung!

A.13.3.2 Eine Bakterienkultur in einer Petrischale verdoppelt sich pro Zeiteinheit n. Die Fläche der Schale hat eine Größe von 32 cm². Welche der folgenden Aussagen sind richtig?

1. ◯ Es liegt hier ein exponentielles Wachstum vor.

2. ◯ Es liegt hier ein beschränktes Wachstum vor.

3. ◯ Die Bakterienkultur kann maximal 0,0032 m² groß werden.

4. ◯ Die Sättigungsgrenze K beträgt 32.

5. ◯ Der prozentuale Zuwachs der Bakterienkultur nimmt mit wachsendem n immer weiter ab.

Notizen

14 Differenzieren

In diesem Kapitel werden wir euch die Grundlagen des Ableitens erklären. Was ihr zunächst wissen solltet: Geometrisch entspricht die Ableitung einer Funktion der Tangentensteigung. Wie man sich das vorstellen kann, sehen wir in der Abbildung. Angenommen die Funktion lautet $f(x) = x^2$, dann lautet die zugehörige erste Ableitung $f'(x) = 2x$, welche die Steigung der Tangente an jeder Stelle x_0 definiert.

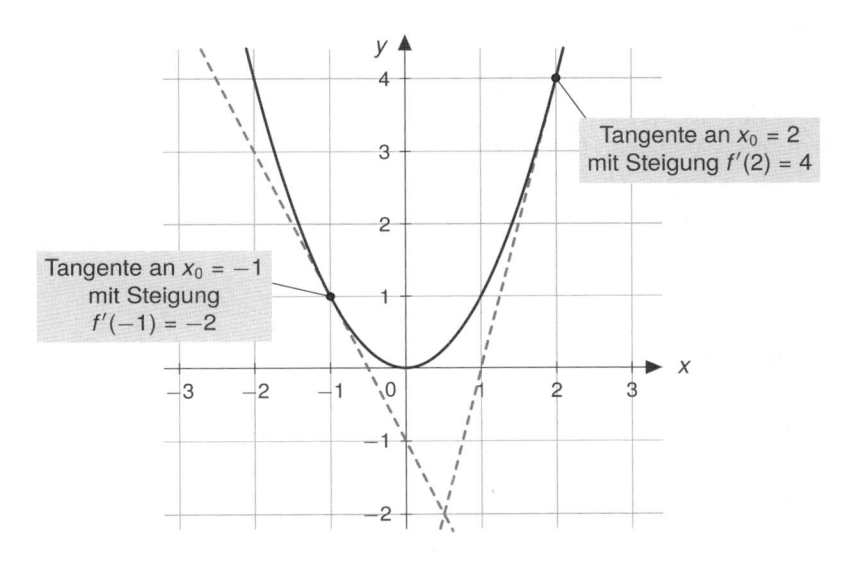

Setzen wir für x Zahlen ein, z.B. $x_0 = 2$, sehen wir, dass die Tangentensteigung an der Stelle 2 gleich $f'(2) = 4$ ist. Wenn wir $x_0 = -1$ einsetzen, erhalten wir mit $f'(-1) = -2$ die Steigung der Tangente an der Stelle -1.

Es gilt (was sich leicht aus der obigen Graphik nachvollziehen lässt):

- liegt x_0 in einem Bereich, in dem die Kurve steigt, gilt $f'(x) > 0$
- liegt x_0 in einem Bereich, in dem die Kurve fällt, gilt $f'(x) < 0$

Wozu brauchen wir die Ableitung? Im Kapitel Kurvendiskussion werden wir sehen, dass die erste Ableitung zum Beispiel ein notwendiges Kriterium zum Vorliegen von Extremwerten ist. Denn wenn die Tangentensteigung an einer Stelle gleich 0 ist, also $f'(x_0) = 0$, wissen wir, dass an der Stelle x_0 (können auch mehrere Stellen sein) ein Hoch- oder Tiefpunkt (oder Sattelpunkt) vorliegt.

Bevor wir uns jetzt die ganzen Ableitungsregeln anschauen, sollen die Zusammenhänge der Ableitungen untereinander verständlich gemacht werden. Wie diese zusammenhängen sehen wir im nachfolgenden Abschnitt.

14.1 Grafisches Ableiten/Aufleiten

Anhand der folgenden Grafik kann man schön sehen, wie $f(x), f'(x)$ und $f''(x)$ miteinander verbunden sind.

N steht hierbei für die Nullstelle, E für Extrempunkt und W für den Wendepunkt.

$f(x)$	N	E	**W**		
$f'(x)$		N	**E**	W	
$f''(x)$			**N**	E	W

Was soll uns diese Tabelle sagen? Die Tabelle zeigt zusammenfassend, welche Funktion uns welchen Wert für die jeweilige Ableitung oder Aufleitung liefert.

Schauen wir uns dazu die Abbildung etwas genauer an: Die Nullstelle der 2. Ableitung $f''(x)$ zeigt uns den x-Wert für den Extrempunkt der 1. Ableitung $f'(x)$. Dieser wiederum zeigt uns, wo die Ausgangsfunktion $f(x)$ seinen Wendepunkt hat.

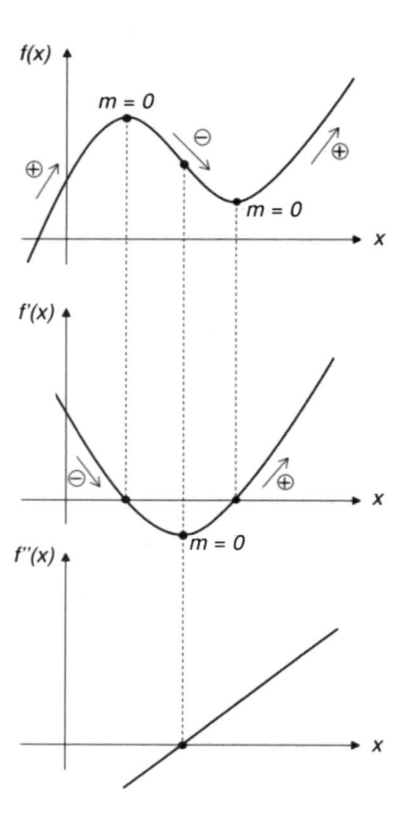

14.2 Ableitungsregeln

Um die Ableitung einer Funktion korrekt zu berechnen, muss man einige Ableitungsregeln kennen. Je nach Aussehen der Funktion kommen dabei eine oder mehrere der nachfolgenden Regeln zum Einsatz. Anschließend gehen wir auf die höheren Ableitungsregeln ein. Hier zunächst die Übersicht der grundlegenden Regeln:

> Ableitung einer Konstanten: $f(x) = C \rightarrow f'(x) = 0$
>
> Ableitung von x: $f(x) = x \rightarrow f'(x) = 1$
>
> Potenzregel: $f(x) = x^p \rightarrow f'(x) = px^{p-1}$
>
> Faktorregel: $f(x) = c \cdot g(x) \rightarrow f'(x) = c \cdot g'(x)$
>
> Summen-/Differenzregel: $f(x) = f(x) \pm g(x) \rightarrow f'(x) = f'(x) \pm g'(x)$

Beispiele:

1. zu Ableitung einer Konstanten:

    z.B.: $f(x) = 5 \rightarrow f'(x) = 0$ oder $f(x) = -8 \rightarrow f'(x) = 0$

2. zu Ableitung von x

    z.B.: $f(x) = x + 5 \rightarrow f'(x) = 1$ oder $f(x) = x - 8 \rightarrow f'(x) = 1$

3. zu Potenzregel:

z.B.: $f(x) = x^3 \to f'(x) = 3x^2$ oder $f(x) = x^{-5} \to f'(x) = -5x^{-6}$

4. zu Faktorregel:

z.B.: $f(x) = 2x^3 \to f'(x) = 6x^2$ oder $f(x) = -4x^{-4} \to f'(x) = 16x^{-5}$

5. zu Summen-/Differenzregel:

z.B.: $f(x) = x^3 + 2x - 5 \to f'(x) = 3x^2 + 2$

Neben Potenzfunktionen der Form $f(x) = x^p$ haben wir bereits weitere Funktionen kennengelernt, wie die Exponential- und Logarithmusfunktion. Bei diesen beiden Funktionen müssen wir uns die Ableitung einfach merken, denn die Ableitung von $f(x) = e^x$ ist z.B. $f'(x) = e^x$. Die Ableitung entspricht also der e-Funktion selbst. Diese und weitere besondere Ableitungen stehen in der nebenstehenden Tabelle, welche ihr unbedingt können müsst.

$f(x)$	$f'(x)$
e^x	e^x
a^x	$a^x \cdot \ln(a)$
$\ln(x)$	$1/x$
$\sin(x)$	$\cos(x)$
$\cos(x)$	$-\sin(x)$
$\sqrt{x} = x^{1/2}$	$1/(2\sqrt{x})$
$1/x = x^{-1}$	$-x^{-2} = -1/x^2$

14.3 Höhere Ableitungsregeln

Bei verketteten Funktionen oder wenn zwei Funktionen (in denen jeweils ein x vorkommt) miteinander multipliziert werden, müssen höhere Ableitungsregeln beachtet werden.

Kettenregel: $(u(v(x)))' = u'(v(x)) \cdot v'(x)$

Produktregel: $(u \cdot v)' = u' \cdot v + u \cdot v'$

Quotientenregel: $\left(\dfrac{u}{v}\right)' = \dfrac{u' \cdot v - u \cdot v'}{v^2}$

Ableitungsregel erkennen

Produktregel

Kettenregel

Quotientenregel

Beispiele

1. zur Kettenregel: $f(x) = (x^3 + 5x)^3$

   mit $u(v) = v^3 \to u'(v) = 3v^2$ und $v(x) = x^3 + 5x \to v'(x) = 3x^2 + 5$ lautet die erste Ableitung:

   $$f'(x) = 3 \cdot (x^3 + 5x)^2 \cdot (3x^2 + 5)$$

   Klammersetzung nicht vergessen bei $v'(x)$!

   „Regel" für die Ableitung von komplizierteren Potenzausdrücken:

   $$((\text{etwas})^p)' = p \cdot (\text{etwas})^{p-1} \cdot (\text{etwas})'$$

   Das „etwas" steht für eine beliebige Funktion, wie z.B. $x^3 + 5x$ oder e^x etc.

2. zur Produktregel: $f(x) = \underbrace{(2x^3 - 5)}_{u(x)} \cdot \underbrace{\sqrt{x}}_{v(x)}$

mit $u(x) = 2x^3 - 5 \to u'(x) = 6x^2$ und $v(x) = \sqrt{x} \to v'(x) = \frac{1}{2\sqrt{x}}$ lautet die erste Ableitung:

$$f'(x) = 6x^2 \cdot \sqrt{x} + (2x^3 - 5) \cdot \frac{1}{2\sqrt{x}}$$

Klammersetzung nicht vergessen bei $u(x)$!

3. zur Quotientenregel: $f(x) = \frac{x^3+2}{x^5}$

mit $u(x) = x^3 + 2 \to u'(x) = 3x^2$ und $v(x) = x^5 \to v'(x) = 5x^4$ lautet die erste Ableitung:

$$f'(x) = \frac{3x^2 \cdot x^5 - (x^3 + 2) \cdot 5x^4}{(x^5)^2} = \frac{3x^7 - 5x^7 - 10x^4}{x^{10}} = \frac{-2x^7 - 10x^4}{x^{10}}$$

Klammersetzung nicht vergessen bei $u(x)$!

Tipp: Manchmal kann man einen Bruch umformen und benötigt gar nicht die Quotientenregel! Schreibt den Bruch einfach als Produkt und wendet die Produktregel an.

14.4 e- und ln-Funktion ableiten

Eine e-Funktion wird folgendermaßen abgeleitet: Ihr verwendet „offiziell" die Kettenregel, aber es geht eigentlich um einiges einfacher. Wir betrachten dafür die Funktion

$$f(x) = e^{5x},$$

welche wir nach x ableiten wollen. Dafür schreiben wir einfach den Term mit der e-Funktion nochmal hin und multiplizieren das Ding mit dem abgeleiteten Exponenten. Der Exponent ist hier $5x$ und abgeleitet wäre das einfach 5. Dann folgt für die Ableitung $f'(x) = e^{5x} \cdot 5$.

e^x ableiten

e-Fkt. im Produkt ableiten

> „Regel" für die Ableitung von e-Funktionen:
> $$\left(e^{etwas}\right)' = e^{etwas} \cdot (etwas)'$$

Weitere Beispiele stehen in der Tabelle.

Falls eine e-Funktion mit anderen Funktionen multipliziert wird, müssen wir die bereits bekannte Produktregel anwenden. Hier ein kleines **Beispiel**:

$$f(x) = \underbrace{(x^2 - 2)}_{u(x)} \cdot \underbrace{e^{-2x}}_{v(x)}$$

mit $u(x) = x^2 - 2 \quad u'(x) = 2x$
und $v(x) = e^{-2x} \quad v'(x) = -2e^{-2x}$

Somit ergibt sich für die erste Ableitung:

$$f'(x) = 2xe^{-2x} + (x^2 - 2) \cdot (-2e^{-2x})$$

$f(x)$	$f'(x)$
e^x	e^x
$2e^x$	$2e^x$
$3e^x$	$3e^x$
e^{2x}	$2e^{2x}$
e^{3x}	$3e^{3x}$
e^{x^2}	$2xe^{x^2}$
e^{2-4x}	$-4e^{2-4x}$
$20e^{3x}$	$3 \cdot 20e^{3x}$
$x \cdot e^{2x}$	Produktregel

14.4 e- und ln-Funktion ableiten

Oft ist es hilfreich, die Anteile mit *e* auszuklammern. Gerade wenn dieser Ausdruck gleich 0 gesetzt wird, z.B. um die Extremstellen zu bestimmen. Vereinfacht folgt:

$$f'(x) = e^{-2x}(2x + (x^2 - 2)(-2))$$
$$= e^{-2x}(2x - 2x^2 + 4)$$
$$= e^{-2x}(-2x^2 + 2x + 4)$$

Wird von uns die Ableitung der ln-Funktion verlangt, müssen wir zunächst wissen, dass die Ableitung von $f(x) = \ln(x) \rightarrow f'(x) = 1/x$ ist. Steht statt dem *x* etwas anderes da, muss die Kettenregel verwenden.

> „Regel" für die Ableitung von ln-Funktionen:
>
> $$(\ln(etwas))' = \frac{1}{etwas} \cdot (etwas)'$$

ln ableiten

ln ableiten mit Bruch

Beispiel

$$f(x) = \ln(5x^2 - 3x) \rightarrow f'(x) = \frac{1}{5x^2 - 3x} \cdot (5x^2 - 3x)'$$
$$= \frac{1}{5x^2 - 3x} \cdot (10x - 3)$$

Mit den eingeführten „Regeln" können wir *e*- und ln-Funktionen leicht ableiten.

Aufgaben

A.14.1 Gegeben ist die Polynomfunktion $f(x) = 4x^4 + 13x^2 - 125x + 17$. Bilde die erste und zweite Ableitung dieser Funktion!

A.14.2 Gib zu folgenden Funktionen jeweils die erste Ableitung an:

$f(x) = \sqrt{4x}$ $\qquad g(x) = 4 \cdot \frac{2}{x}$ $\qquad h(x) = x^2 - e^x + 2\ln(x)$

Lösungen

A.14.3 Gegeben ist folgende Funktion $f(x) = 3\sin(x) + 2\cos(x)$. Welche der folgenden Funktionen sind Ableitungsfunktionen von $f(x)$?

1. ○ $f''(x) = 3\cos(x) + 2\sin(x)$
2. ○ $f'(x) = 3\cos(x) - 2\sin(x)$
3. ○ $f'(x) = -2\sin(x) + 3\cos(x)$
4. ○ $f'(x) = -3\sin(x)\check{}2\cos(x)$
5. ○ $f'(x) = 3\sin(x) + 2\sin(x)$

14.5 Zusammenhang Weg, Geschwindigkeit und Beschleunigung

Zusammenhang

In Anwendungsaufgaben müssen wir verstehen, was die Funktion überhaupt beschreibt. Oft geht es dabei um Füllbestände irgendwelcher Stauseen oder Geschwindigkeiten von Flugzeugen. Daher ist es sehr wichtig zu wissen, was z.B. die Ableitung der Geschwindigkeit im Sachzusammenhang bedeutet. Die folgende Übersicht soll euch als Zusammenfassung dienen. Wenn in unserer Funktion für $f(t)$ folgendes angegeben ist, dann ist

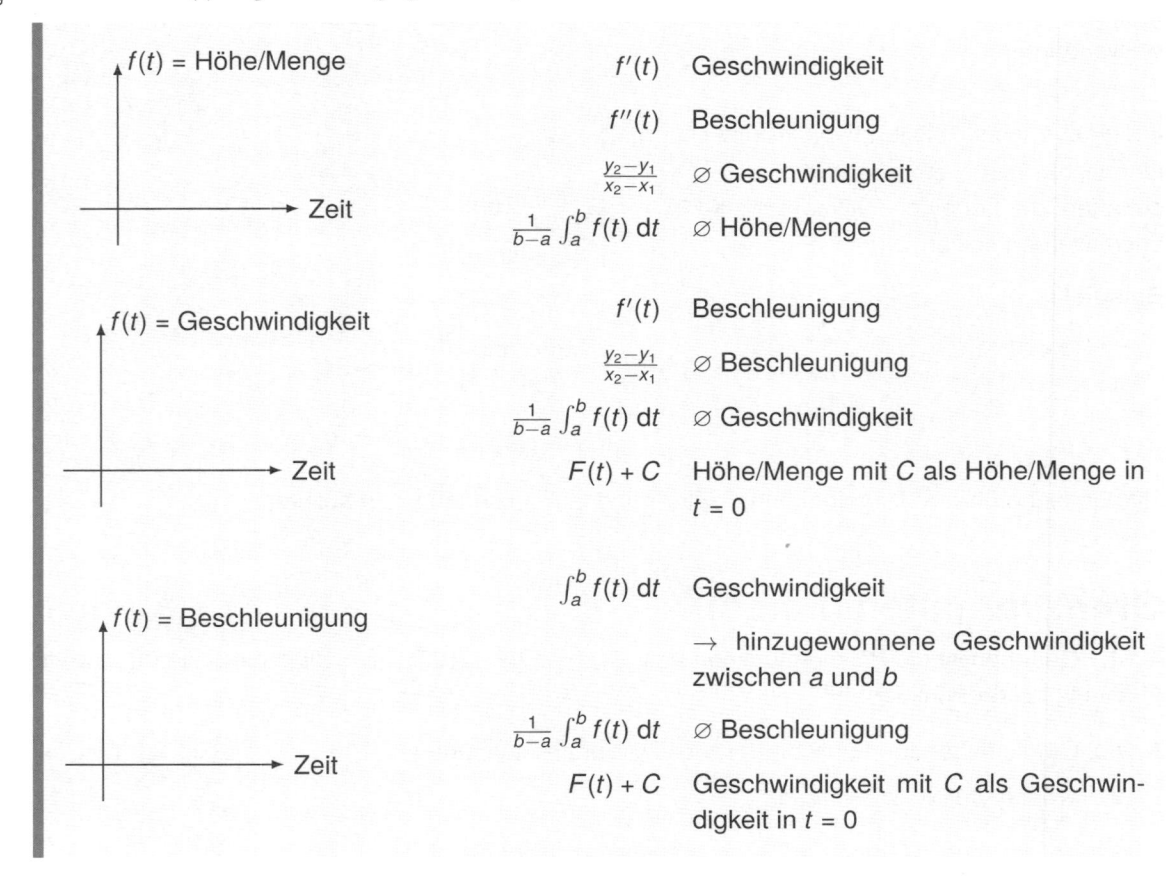

$f(t)$ = Höhe/Menge

$f'(t)$	Geschwindigkeit
$f''(t)$	Beschleunigung
$\frac{y_2-y_1}{x_2-x_1}$	⌀ Geschwindigkeit
$\frac{1}{b-a}\int_a^b f(t)\,dt$	⌀ Höhe/Menge

$f(t)$ = Geschwindigkeit

$f'(t)$	Beschleunigung
$\frac{y_2-y_1}{x_2-x_1}$	⌀ Beschleunigung
$\frac{1}{b-a}\int_a^b f(t)\,dt$	⌀ Geschwindigkeit
$F(t) + C$	Höhe/Menge mit C als Höhe/Menge in $t = 0$

$f(t)$ = Beschleunigung

$\int_a^b f(t)\,dt$	Geschwindigkeit → hinzugewonnene Geschwindigkeit zwischen a und b
$\frac{1}{b-a}\int_a^b f(t)\,dt$	⌀ Beschleunigung
$F(t) + C$	Geschwindigkeit mit C als Geschwindigkeit in $t = 0$

Anmerkung: Das ⌀ liest sich z.B. als *durchschnittliche* Geschwindigkeit.

15 Kurvendiskussion

Übersicht über geometrische Eigenschaften, die bei einer Funktion untersucht werden sollten:

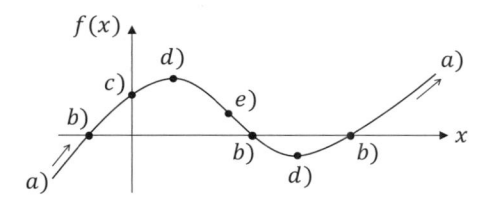

a) Grenzverhalten

b) Nullstellen

c) Schnittpunkt y-Achse

d) Extrempunkte (HP und TP)

e) Wendepunkte (WP)

Zusatz:
- Definitionsbereich
- Wertebereich
- Symmetrie
- Skizze (grob)
- Zeichnung (genau)

15.1 Grenzverhalten (limes)

Beim Grenzverhalten schauen wir uns an, wie sich der Graph einer Funktion im Unendlichen verhält.

- Verhalten für $x \to \pm\infty$
- „Wo kommt der Graph her?" $\Rightarrow \lim\limits_{x \to -\infty}$ „ich schaue links"
  - Tipp: hohe negative Zahl für x in TR einsetzen um Gefühl zu bekommen
- „Wo geht der Graph hin?" $\Rightarrow \lim\limits_{x \to +\infty}$ „ich schaue rechts"
  - Tipp: hohe positive Zahl für x in TR einsetzen um Gefühl zu bekommen

Schauen wir uns einmal folgende Funktion an: $f(x) = a \cdot x^n$. Zur Beurteilung des Verhaltens betrachtet man immer die **höchste Potenz** n von x und ihren Koeffizienten a:

- Wenn n gerade und $a > 0$ ist, so strebt $f(x) \to +\infty$ für $x \to \pm\infty$.
- Wenn n gerade und $a < 0$ ist, so strebt $f(x) \to -\infty$ für $x \to \pm\infty$.
- Wenn n ungerade und $a > 0$ ist, so strebt $f(x) \to +\infty$ für $x \to +\infty$ und $f(x) \to -\infty$ für $x \to -\infty$.
- Wenn n ungerade und $a < 0$ ist, so strebt $f(x) \to -\infty$ für $x \to +\infty$ und $f(x) \to +\infty$ für $x \to -\infty$.

e-Funktion

Exponentialfunktionen und ihre Graphen werden auf dieselbe Weise untersucht wie ganzrationale Funktionen. Nur das Verhalten einer Exponentialfunktion für $x \to +\infty$ und für $x \to -\infty$ wird durch andere Regeln beherrscht.

- Für $x \to +\infty$ strebt $e^x \to +\infty$.

- Für $x \to -\infty$ strebt $e^x \to 0$, d.h. die x-Achse ist die Asymptote des Graphen von f mit $f(x) = e^x$.

Darüber hinaus gilt für $n \geq 1$:

- Für $x \to +\infty$ strebt $x^n \cdot e^x \to +\infty$.

- Für $x \to -\infty$ strebt $x^n \cdot e^x \to 0$, d.h. die x-Achse ist die Asymptote des Graphen von f mit $f(x) = x^n \cdot e^x$.

Beispiel $f(x) = (x^2 - 1)e^{-2x}$

$$\lim_{x \to +\infty} \underbrace{(x^2 - 1)}_{\to +\infty} \cdot \underbrace{e^{-2x}}_{\to 0} \to 0 \quad \text{und} \quad \lim_{x \to -\infty} \underbrace{(x^2 - 1)}_{\to +\infty} \cdot \underbrace{e^{-2x}}_{\to +\infty} \to +\infty$$

Merkt euch: Bei der Betrachtung des Grenzverhaltens orientieren wir uns an der e-Funktion - die am stärksten wachsende Funktion.

Betrachten wir den Graph von $f(x) = (x^2 - 1)e^{-2x}$, bestätigt sich unsere Grenzwertberechnung.

- Lassen wir x gegen $-\infty$ laufen, strebt die Funktion gegen $+\infty$

- Lassen wir x gegen ∞ laufen, strebt die Funktion gegen 0, somit ist die x-Achse Asymptote

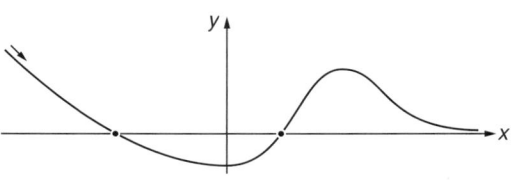

15.2 Symmetrie

Betrachten wir die Symmetrie von ganzrationalen Funktionen. Kommen in der Funktion nur *gerade Exponenten* vor, wie z.B. bei

$$f(x) = x^4 - 2x^2 - 4$$

dann ist die Funktion *achsensymmetrisch* zur y-Achse! Wir können die Achsensymmetrie zur y-Achse auch rechnerisch zeigen. Es gilt

$$f(-x) = f(x)$$
$$(-x)^4 - 2 \cdot (-x)^2 - 4 = x^4 - 2x^2 - 4$$
$$x^4 - 2x^2 - 4 = x^4 - 2x^2 - 4 \quad \checkmark$$

Kommen in der Funktion nur *ungerade Exponenten* vor, wie z.B. bei

$$f(x) = 2x^3 - 4x$$

dann ist die Funktion *punktsymmetrisch* zum Ursprung. Wir können die Punktsymmetrie zum Ursprung auch rechnerisch zeigen. Es gilt

$$f(-x) = -f(x)$$
$$2 \cdot (-x)^3 - 4 \cdot (-x) = -(2x^3 - 4x)$$
$$-2x^3 + 4x = -2x^3 + 4x \quad \checkmark$$

Eine Funktion $f(x)$ ist zu einer zweiten Funktion $g(x)$ achsensymmetrisch bzgl. der x-Achse, wenn gilt: $f(x) = -g(x)$.

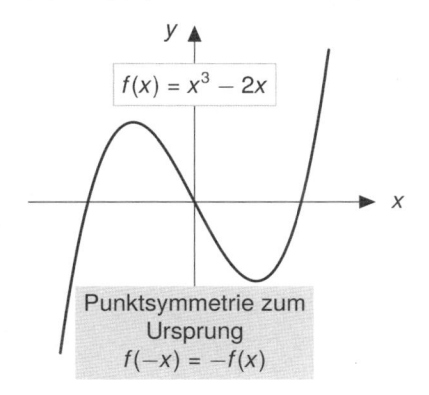

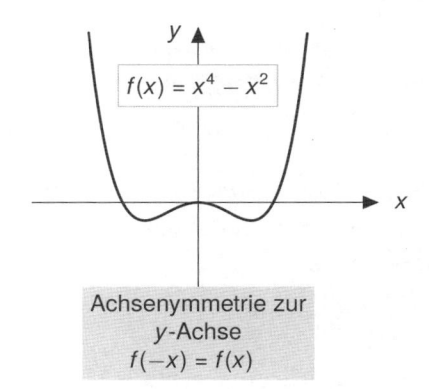

$f(x) = x^3 - 2x$

Punktsymmetrie zum Ursprung
$f(-x) = -f(x)$

$f(x) = x^4 - x^2$

Achsenymmetrie zur y-Achse
$f(-x) = f(x)$

Symmetrie

e-Funktion

Ist $f(x) = x^2 \cdot e^{-x^2}$ achsensymmetrisch zur y-Achse? Dann müsste gelten:

$$f(-x) = f(x)$$
$$(-x)^2 \cdot e^{-(-x)^2} = x^2 \cdot e^{-x^2}$$
$$x^2 \cdot e^{-x^2} = x^2 \cdot e^{-x^2} \quad \checkmark$$

Ist $f(x) = -10x \cdot e^{x^2}$ punktsymmetrisch zum Ursprung? Dann müsste gelten:

$$f(-x) = -f(x)$$
$$-10 \cdot (-x) \cdot e^{(-x)^2} = -\left(-10x \cdot e^{x^2}\right)$$
$$10x \cdot e^{x^2} = 10x \cdot e^{x^2} \quad \checkmark$$

Symmetrie bei e-Funktion

15.3 Achsenabschnitte

Hier werden die Achsenabschnitte

- mit der y-Achse untersucht:

    Gegeben sei eine Funktion $f(x) = 2x^2 - 4x - 16$. Für den y-Achsenabschnitt setzen wir $x = 0$ in die Funktion ein

    $$f(x) = 2x^2 - 4x - 16$$
    $$f(0) = 2 \cdot 0^2 - 4 \cdot 0 - 16 = -16$$

    und wir erhalten mit $S_y(0|-16)$ den Schnittpunkt von Funktion und y-Achse. Hinweis: Passt bei Funktionen auf, bei denen 0 nicht im Definitionsbereich ist, denn dort dürfen wir 0 nicht einsetzen, z.B. $f(x) = 1/x$ oder $f(x) = \ln(x)$.

Achsenabschnitte

- mit der x-Achse untersucht:

    Der Schnittpunkt mit der x-Achse wird auch *Nullstelle* genannt. Hierfür setzen wir unsere gegebene Funktion $f(x) = 0$. Mit der Funktion von oben folgt für die Nullstellen:

    $$f(x) = 0$$
    $$2x^2 - 4x - 16 = 0 \quad | :2 \text{, dann pq-Formel}$$
    $$x_1 = -2 \wedge x_2 = 4$$

Einschub Intervallschreibweise

Schreibweise	Mengenschreibweise	Typ
$[a, b]$	$\{x \in \mathbb{R} \mid a \leq x \leq b\}$	geschlossen
$[a, b)$	$\{x \in \mathbb{R} \mid a \leq x < b\}$	halb-offen
$(a, b]$	$\{x \in \mathbb{R} \mid a < x \leq b\}$	halb-offen
(a, b)	$\{x \in \mathbb{R} \mid a < x < b\}$	offen

Die Intervallschreibweise ist eine abkürzende Schreibweise und wird oft beim Definitions- und Wertebereich verwendet. Das Intervall gibt an, in welchem Bereich sich unser x befindet. Zum Beispiel können wir $2 \leq x < 4$ abkürzend als $[2; 4)$ schreiben.

15.4 Definitionsbereich

Die Bestimmung des Definitionsbereichs ist sehr wichtig. Auch wenn es in der Aufgabenstellung nicht explizit gefordert ist, sollte man sich immer vergewissern, welche x-Werte man in die Funktion $f(x)$ überhaupt einsetzen darf. Wenn der Definitionsbereich schon vorgegeben ist, müsst ihr diesen verwenden.

Die **3 Warnschilder** bei der Bestimmung des maximalen Definitionsbereiches:

1. $\frac{1}{\text{etwas}}$ verlangt etwas $\neq 0$
2. $\sqrt{\text{etwas}}$ verlangt etwas ≥ 0
3. $\ln(\text{etwas})$ verlangt etwas > 0

Beachte: Der Definitionsbereich D kann sich beim Ableiten verändern!

Beispiel Bestimme den maximalen Definitionsbereich der Funktion $f(x) = \frac{\sqrt{x^2}}{\ln(2-x)}$.

Zufälligerweise kommen in der Funktion Logarithmus, Bruch und Wurzel vor! Alarmglocken gehen an. Alle drei Bedingungen von oben werden geprüft.

$$\begin{aligned}
1. \ \tfrac{1}{\text{etwas}} \text{ verlangt etwas} \neq 0 \ \Rightarrow \ \ln(2-x) &\neq 0 \quad | e^\wedge \\
\Leftrightarrow \ 2 - x &\neq e^0 \\
\Leftrightarrow \ 2 - x &\neq 1 \quad | +x-1 \\
\Leftrightarrow \ x &\neq 1
\end{aligned}$$

Wir wissen jetzt schon mal, dass unser x nicht 1 sein darf. Weiter geht es mit Prüfung der Wurzel! Der Radikand (die Zahl unter der Wurzel) darf nie kleiner als Null sein.

2. $\sqrt{\text{etwas}}$ verlangt etwas $\geq 0 \Rightarrow x^2 \geq 0$

Egal was wir für x einsetzen, durch das x^2 kommt immer eine Zahl raus, die größer oder gleich 0 ist. Wir dürfen also für x alle Zahlen von - bis + Unendlich einsetzen. Abschließend folgt die Prüfung des Logarithmus.

3. $\ln(\text{etwas})$ verlangt etwas $> 0 \Rightarrow 2 - x > 0 \quad |+x$
$$\Leftrightarrow 2 > x$$

Für den Definitionsbereich von $f(x)$ müssen alle Bedingungen, die geprüft wurden, erfüllt sein. Welche x-Werte erfüllen alle 3 Bedingungen? Am einfachsten kann man sich das am Zahlenstrahl klar machen.

Der maximale Definitionsbereich für die Funktion $f(x)$ lautet demnach

$$D_f = \underbrace{(-\infty, 1) \cup (1,2)}_{\text{Intervallschreibweise}} = \{x \in \mathbb{R} | x < 1 \vee 1 < x < 2\}.$$

15.5 Wertebereich

Der Wertebereich W ist die Menge von y-Werten, die du erhältst, wenn du jedes mögliche x in die Funktion $f(x)$ einsetzt. Anders gesagt: Alles was für y rauskommen kann! Betrachten wir den Wertebereich des nebenstehenden Graphen:

$$W = [-8; \infty)$$

Hierbei ist -8 der niedrigste y-Wert, der erreicht wird.

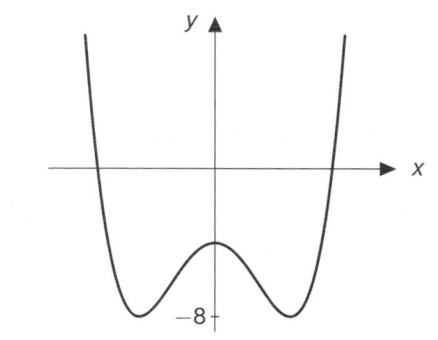

Nach oben gibt es jedoch keine Begrenzung. Es kann jeder positive y-Wert angenommen werden! Nach dem Wertebereich wird selten bis nie gefragt. Wichtig ist bei Anwendungsaufgaben den Blick für *Höhen/Tiefen* zu haben!

Was darf für y rauskommen?

15.6 Extrempunkte

Vorgehen:

1. Notwendige Bedingung: $f'(x) = 0 \Rightarrow$ wir erhalten potentielle Extremstellen, die wir mit x_E bezeichnen!

2. Hinreichende Bedingung: $f'(x_E) = 0$ und $f''(x_E) \neq 0$

   Für $f''(x_E)$ kann folgendes rauskommen:
   - $f''(x_E) < 0$ Hochpunkt (HP)
   - $f''(x_E) = 0$ Sattelpunkt (SP), für SP muss zudem $f'''(x_E) \neq 0$ sein!
   - $f''(x_E) > 0$ Tiefpunkt (TP)

3. y-Wert der Extremstelle: x_E-Wert in $f(x)$ einsetzen $\Rightarrow E(x_E / f(x_E))$

Achtung: Es muss zwischen lokalen und globalen (oder absoluten) Extremstellen unterschieden werden! Stichwort: *Randwerte* = Grenzen des Definitionsbereiches! Randwerte in $f(x)$ einsetzen und das, was rauskommt mit dem y-Wert vom Extrempunkt vergleichen! In der Abbildung sieht man, dass der höchste Punkt bei $x = 30$ liegt und nicht beim errechneten Hochpunkt!

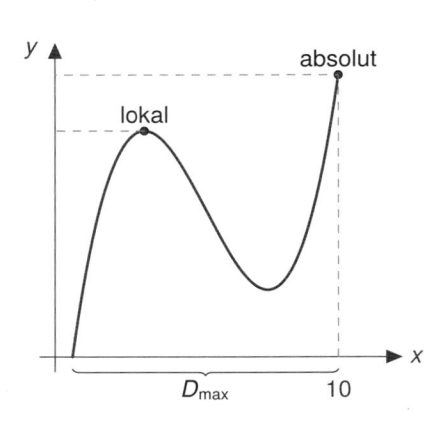

Merke: Bei vorgegebenem Intervall immer die Randwerte mit überprüfen!

Beispiel Untersuche die Funktion $f(x) = \frac{2}{3}x^3 + 3x^2 + 4x$ mit $D = \mathbb{R}$ auf Extremstellen.

1. Erste Ableitung bilden und gleich Null setzen: $f'(x) = 2x^2 + 6x + 4 = 0$ liefert die möglichen Extremstellen $x_1 = -2$ und $x_2 = -1$.

2. Zweite Ableitung bilden und Extremstellen einsetzen: $f''(x) = 4x + 6$

$$f''(-2) = -2 < 0 \Rightarrow \text{Hochpunkt an der Stelle } x = -2$$
$$f''(-1) = 2 > 0 \Rightarrow \text{Tiefpunkt an der Stelle } x = -1$$

3. y-Wert des Hoch- und Tiefpunktes berechnen:

$$y = f(-2) = -\frac{4}{3} \quad \text{und} \quad y = f(-1) = -\frac{5}{3}$$

Die Funktion $f(x)$ besitzt einen Hochpunkt bei $(-2 | -4/3)$ und einen Tiefpunkt bei $(-1 | -5/3)$.

Extrempunkte mit 2. Abl.

Extrempunkte mit VZWK

15.7 Wendepunkte

Vorgehen:

1. Notwendige Bedingung: $f''(x) = 0$ ⇒ wir erhalten potentielle Wendestellen, die wir mit x_W bezeichnen!

2. Hinreichende Bedingung: $f''(x_W) = 0$ und $f'''(x_W) \neq 0$

   Für $f'''(x_W)$ kann folgendes rauskommen:

   - $f'''(x_W) < 0$ Links-rechts-Wendestelle
   - $f'''(x_W) > 0$ Rechts-links-Wendestelle

3. y-Wert der Wendestelle: x_W-Wert in $f(x)$ einsetzen ⇒ $W(x_W / f(x_W))$

Graphisch betrachtet handelt es sich bei einem Wendepunkt um einen Punkt, an dem der Funktionsgraph sein Krümmungsverhalten ändert und die größte Steigung hat. Er wechselt an dieser Stelle entweder von einer Rechts- in eine Linkskurve oder umgekehrt. Hinweise, wann man den Wendepunkt berechnen soll sind, wenn

- nach der *stärksten Zunahme* vom Graph
- nach der *stärksten Abnahme* vom Graph

gefragt ist.

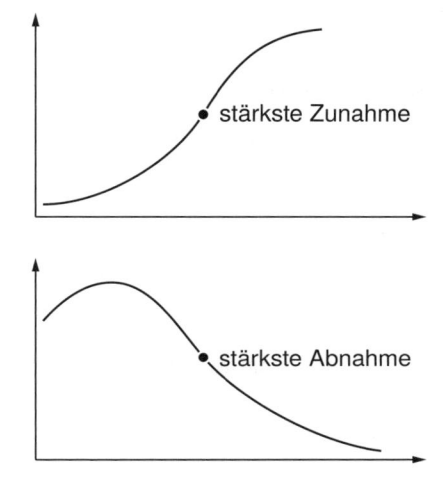

Schaut euch unbedingt den Abschnitt „Zusammenhang Weg, Geschwindigkeit und Beschleunigung" an. Wenn $f(x)$ schon die Geschwindigkeit angibt und nach der größten Geschwindigkeit gefragt wird, dann benötigt man den Hochpunkt! Wenn $f(x)$ die Höhe beschreibt und nach der stärksten Zunahme gefragt wird, benötigt man den Wendepunkt.

Auch hier wieder der Hinweis mit den Randwerten! Hier sollten bei einem vorgegeben Intervall in die 1. Ableitung Randwerte und x-Wert von WP eingesetzt werden, wenn nach der größten Steigung des Graphen gefragt ist. Das, was jeweils raus kommt (die Änderung/Zunahme bei positivem Wert oder Abnahme bei negativem Wert) mit den errechneten Wendestellen vergleichen.

Beispiel Untersuche die Funktion $f(x) = \frac{2}{3}x^3 + 3x^2 + 4x$ mit $D = \mathbb{R}$ auf Wendestellen.

1. Zweite Ableitung bilden und gleich Null setzen: $f''(x) = 4x + 6 = 0$ liefert die mögliche Wendestelle $x = -1{,}5$.

2. Dritte Ableitung bilden und Wendestellen einsetzen: $f'''(x) = 4 \neq 0$. Da in der dritten Ableitung kein x vorkommt, sind wir hier fertig, denn die dritte Ableitung ist immer ungleich Null! Es liegt ein Rechts-links Wendepunkt vor.

3. y-Wert des Wendepunktes berechnen: $y = f(-1{,}5) = -1{,}5$.

Die Funktion $f(x)$ besitzt einen Wendepunkt bei $(-1{,}5 | -1{,}5)$.

Aufgaben

A.15.1 Folgende Abbildung zeigt eine Funktion $f(x)$ 4. Grades:

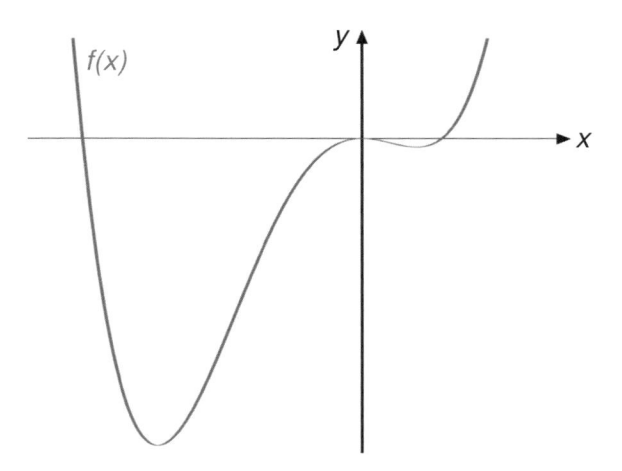

Zeichne qualitativ eine Ableitungsfunktion von $f(x)$ ein!

A.15.2 Gegeben ist die Funktion $f(x) = 2x^4 + x^3 - 60x^2 - 47$. Welche Steigung hat die Funktion an der Stelle $x = 4$?

A.15.3 Eine Funktion hat eine Nullstelle bei $x = 0$, eine Extremstelle bei $x = 3$ und eine Wendestelle bei $x = 7$. Was lässt sich darüber über die Null-, Extrem- und Wendestellen der Ableitungsfunktion sagen?

A.15.4 Führe eine vollständige Funktionsuntersuchung mit folgenden Funktionen durch.

a) $f(x) = -2x^2 + 4x$ \hspace{2cm} b) $f(x) = x \cdot \ln(x)$

16 Umkehraufgaben

Bei einer Umkehraufgabe bzw. Steckbriefaufgabe werden bestimmte Eigenschaften eines Funktionsgraphen vorgegeben. Gesucht ist die Gleichung der Funktion, deren Graph die gewünschten Eigenschaften hat. Steckbriefaufgaben können nur als Text oder aus einem graphischen Zusammenhang, wo man dann entsprechend die Bedingungen ablesen muss, auftreten!

> **Vorgehen:**
>
> 1. Um welche Art von Funktion handelt es sich? An der Anzahl an Unbekannten sehen wir wie viele Bedingungen aufgestellt werden müssen.
> 2. Ist eine Symmetrie vorhanden?
> 3. Wird eine Aussage über Punkte $f(x) = y$, die Steigung $f'(x) = k$, Extremstellen $f'(x) = 0$ oder Wendestellen $f''(x) = 0$ gemacht?
> 4. Alle Informationen in mathematische Gleichungen übersetzen.
> 5. LGS aufstellen und lösen.
> 6. Funktionsgleichung aufschreiben und Probe durchführen.

Beispiel Gesucht ist eine ganzrationale Funktion dritten Grades, deren Graph durch den Koordinatenursprung geht, bei $x = 1$ ein Minimum und im Punkt $W(2/3 \mid 2/27)$ einen Wendepunkt hat. Wir arbeiten hierfür unser obiges Schema ab.

1. Art der Funktion: Ein Polynom 3. Grades hat die allgemeine Form

$$f(x) = ax^3 + bx^2 + cx + d$$
$$f'(x) = 3ax^2 + 2bx + c$$
$$f''(x) = 6ax + 2b$$

Mit a, b, c und d liegen vier Unbekannte vor, die bestimmt werden müssen. Wir benötigen also 4 Bedingungen!

2. Aussage über Symmetrie nicht vorhanden.

3. Aus „der Graph geht durch den Koordinatenursprung" folgern wir: (I) $f(0) = 0$

   Minimum an der Stelle $x = 1$ bringt uns die Info (II) $f'(1) = 0$

   Wendepunkt bei $W(2/3 \mid 2/27)$ bringt uns die Info (III) $f''(2/3) = 0$ und (IV) $f(2/3) = 2/27$

4. Informationen in LGS aufstellen :

   aus (I) $a \cdot 0^3 + b \cdot 0^2 + c \cdot 0 + d = 0$ $\Rightarrow d = 0$

   aus (IV) $a \cdot (2/3)^3 + b \cdot (2/3)^2 + c \cdot (2/3) = 2/27$

   aus (II) $3a \cdot 1^2 + 2b \cdot 1 + c = 0$

   aus (III) $6a \cdot (2/3) + 2b = 0$

5. Das LGS, bestehend aus den Gleichungen (II)-(IV), anschließend lösen und wir erhalten für die gesuchten Parameter $a = 1$, $b = -2$, $c = 1$, und $d = 0$ sowie die gesuchte Funktion 3. Grades mit der Gleichung

$$f(x) = x^3 - 2x^2 + x.$$

Hier einige Beispiele für typische Bedingungen:

...hat im Punkt (3|4)...	$f(3) = 4$
...geht durch den Ursprung...	$f(0) = 0$
...schneidet die x-Achse bei 5 ...	$f(5) = 0$
...hat bei $x = 3$ die Steigung $m = -1$...	$f'(3) = -1$
... ist bei $x = 4$ parallel zur Geraden $y = 2x + 3$...	$f'(4) = 2$
... schneidet die y-Achse bei 8	$f(0) = 8$
...hat einen Extrempunkt bei E (0|5)...	$f(0) = 5, f'(0) = 0$
...berührt die x-Achse bei 5...	$f(5) = 0, f'(5) = 0$
...hat bei $x = -5$ einen Wendepunkt...	$f''(-5) = 0$
...seine Wendetangente bei $x = -2$...	$f''(-2) = 0$

Wenn du Probleme mit dem Lösen der Gleichungen hast, sieh dir unbedingt noch einmal das Kapitel *Gleichungssysteme lösen* in Teil Algebra und Geometrie an!

Aufgaben

A.16.1 Eine Wachstumsfunktion $f(x)$ mit progressivem Verlauf ist gegeben.

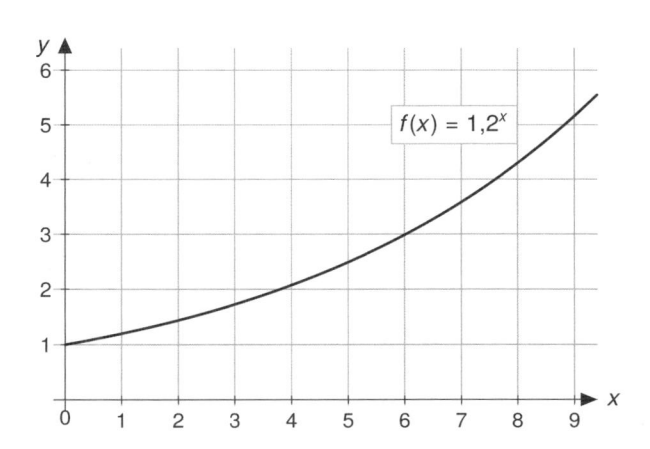

Welche der folgenden Aussagen sind in diesem Zusammenhang richtig?

1. ◯ Alle Werte der Funktion $f''(x)$ sind positiv.
2. ◯ Die Funktion wächst immer langsamer.
3. ◯ Die Funktion wächst immer schneller.
4. ◯ Es muss gelten $f'(x) < 0$.
5. ◯ Es muss gelten $f'(x) > 0$.

A.16.2 Von einer Polynomfunktion 4. Grades ist bekannt, dass sie einen Wendepunkt bei $x = 3$, eine Extremstelle bei $(-2|3)$ hat. Welche der folgenden Bedingungen müssen diesen Informationen nach gelten?

1. ◯ $f''(-2) = 0$
2. ◯ $f''(3) = 2$
3. ◯ $f'(-2) = 0$
4. ◯ $f''(3) = 0$
5. ◯ $f(-2) = 3$

A.16.3 Die Funktion $f(x) = x^2 + ax + b$ hat eine Nullstelle im Punkt bei $x = 5$ und einen Extrempunkt bei $x = 2$. Ermittle die Funktionsgleichung!

Notizen

17 Summation und Integral

Die Integralrechnung ist neben der Differentialrechnung der wichtigste Zweig der mathematischen Disziplin der Analysis. Sie ist aus dem Problem der Flächen- und Volumenberechnung entstanden. Das Integral ist ein Oberbegriff für das unbestimmte und das bestimmte Integral. Die Berechnung von Integralen heißt *Integration*. Zunächst gehen wir nochmal die Grundlagen der Integralrechnung durch. Im Anschluss werden Flächeninhalte bestimmt und schwierigere Integrationsregeln wie z.B. die partielle Integration vorgestellt.

Tipp Kompliziertere Differential- und Integralrechnungen kannst du mithilfe der technischen Hilfsmittel (GeoGebra, Taschenrechner usw.) ganz einfach und schnell berechnen. Mach dich früh genug mit der richtigen Handhabung der Programme vertraut! Es kann einige Zeit dauern, die richtigen Befehle fehlerfrei zu beherrschen.

Grundlagen

Die Umkehrung des Ableitens ist das Bilden von Stammfunktionen und wird deshalb auch *Aufleiten* genannt.

Wie schon beim Ableiten gibt es auch hier eine *Summenregel* (= Eine Summe wird „summandenweise" aufgeleitet) und eine *Faktorregel* (= Ein konstanter Faktor bleibt beim Aufleiten erhalten).

	$F(x)$	Stammfunktion
integrieren	↑	
	$f(x)$	Ausgangsfunktion
differenzieren	↓	
	$f'(x)$	1. Ableitungsfunktion
differenzieren	↓	
	$f''(x)$	2. Ableitungsfunktion

17.1 Übersicht typischer Stammfunktionen

Wenn F eine Stammfunktion von f ist und C eine beliebige reelle Zahl (Konstante), dann ist auch $F(x) + C$ eine Stammfunktion von f. Zum Beispiel sind

$$F(x) = (x^2/2) + 5 \quad F(x) = (x^2/2) + 10 \quad F(x) = (x^2/2) - 200$$

alles Stammfunktionen von $f(x) = x$. Grundsätzlich lautet die Stammfunktion für $f(x) = x$ also $F(x) = x^2/2 + C$. Wenn nur eine Stammfunktion gesucht wird, können wir zur Einfachheit $C = 0$ wählen.

Warum +C?

Die Stammfunktion zu der Potenzfunktion

$$f(x) = x^n, \quad n \in \mathbb{N}$$

ermittelt sich allgemein über

$$F(x) = \frac{1}{n+1} x^{n+1}.$$

Beim Aufleiten muss der Exponent um 1 erhöht und in den Nenner des Bruchs geschrieben werden! In nebenstehender Tabelle findet ihr weitere Beispiele.

$f(x)$	$F(x)$
1	x
10	$10x$
x	$\frac{1}{2}x^2$
$10x$	$5x^2$
x^2	$\frac{1}{3}x^3$
$5x^7$	$\frac{5}{8}x^8$
$3x^4 - 2x^3 + 4$	$\frac{3}{5}x^5 - \frac{2}{4}x^4 + 4x$

Wie bereits erwähnt gibt es bei der Integralrechnung auch eine Summenregel, die besagt, dass jeder Summand einzeln integriert wird. Zum Beispiel ist $F(x) = x^2 + 3x$ eine Stammfunktion von $f(x) = 2x + 3$.

Stammfunktion bilden

Aufleiten e-Funktion

e-Funktion

In der nebenstehenden Tabelle finden wir viele Beispiele von aufgeleiteten e-Funktionen.
Merkt euch: Egal ob Nullstellen bestimmen, Ableitung oder Stammfunktion bilden. Achtet auf die Struktur der Funktion! Steht da nur eine Summe oder eine Differenz oder ist ein Produkt aus Term mit einer Variablen mal e hoch irgendwas zu erkennen?

$f(x)$	$F(x)$
e^x	e^x
e^{3x}	$\frac{1}{3}e^{3x}$
e^{4-2x}	$\frac{-1}{2}e^{4-2x}$
$20e^{10x}$	$2e^{10x}$
$3e^{5-2x}$	$\frac{3}{-2}e^{5-2x}$
e^{x^2}, e^{x^3}	Geht nicht!
$2x \cdot e^{-2x}$	Partielle Integration
$2x \cdot e^{x^2}$	Substitution

17.2 Unbestimmtes Integral

Als unbestimmtes Integral bezeichnet man, wie oben bereits angedeutet, die Gesamtheit aller Stammfunktionen $F(x) + C$ einer Funktion $f(x)$. Die Schreibweise für unbestimmte Integrale lautet

$$\int f(x) \, dx = F(x) + C$$

Dabei ist $\int$ das Integrationszeichen und $f(x)$ der Integrand. Die Variable x heißt Integrationsvariable und C ist die Integrationskonstante. Hier zwei Beispiele für unbestimmte Integrale:

$$\int 2x \, dx = x^2 + C \qquad \int x^3 \, dx = \frac{1}{4}x^4 + C$$

17.3 Bestimmtes Integral

Wenn Integrationsgrenzen angegeben sind, handelt es sich nicht mehr um ein unbestimmtes Integral. Man spricht dann von einem bestimmten Integral, da die Integrationsgrenzen angegeben (folglich bestimmt) sind.

17.4 Bestimmung von Flächeninhalten

Du kannst mit Integralen Flächen berechnen. Dazu musst du aber erst das Konzept der Ober- und Untersumme verstehen. Die Fläche unter einem bestimmten Funktionsabschnitt liegt irgendwo zwischen der kleinsten und größten Fläche, die wir durch den Verlauf der Funktion bilden können.

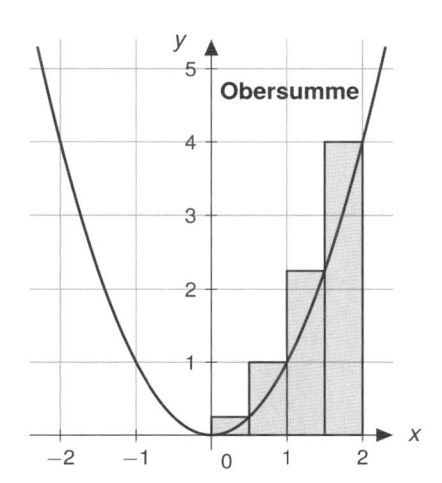

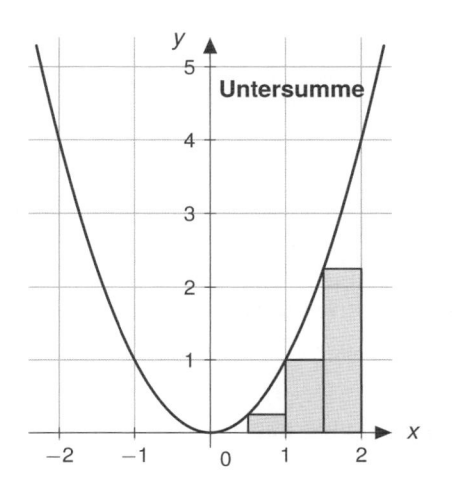

Ober-/Untersumme

Es gilt also: Untersumme ≤ Fläche ≤ Obersumme.

Diese Annahme ist uns natürlich zu ungenau. Deshalb bilden wir mehrere Unter- und Obersummen innerhalb der zu berechnenden Fläche. Dabei verringert sich natürlich die Breite Δx der Rechtecke. Umso mehr einzelne Rechtecke wir hier bilden, umso näher sind die Werte an der tatsächlichen Größe. Wir nähern uns dem wahren Wert am besten an, indem wir die Anzahl der Unter-/Obersummen gegen unendlich wandern lassen $n \to \infty$.

Wichtig Ein bestimmtes Integral ist also definiert als der Grenzwert ($n \to \infty$) einer Summe von Produkten (= der Rechtecke).

Im Gegensatz zum unbestimmten Integral lässt sich ein bestimmtes Integral mit dem *Hauptsatz der Integralrechnung* lösen!

$$\int_a^b f(x)\,dx = [F(x)]_a^b = (F(b) - F(a))$$

Als Ergebnis erhält man einen konkreten Zahlenwert.

Beispiel

$$\int_1^3 2x\,dx = \left[x^2\right]_1^3 = (3^2 - 1^2) = 8$$

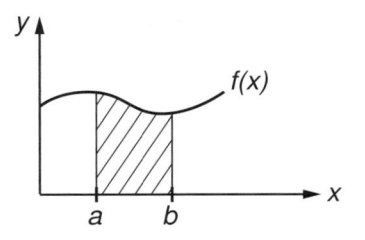

17.4 Bestimmung von Flächeninhalten

Wir können die Integralrechnung zur Berechnung von Flächeninhalten verwenden. Wenn Grenzwerte gegeben sind, liegt ein bestimmtes Integral vor. Im Folgenden schauen wir uns Beispiele zu verschiedenen Problemstellungen an.

Berechnung der Fläche

17. Summation und Integral

zwischen Graph und x-Achse

Vorgehen

- Die Nullstellen bestimmen, um die Grenzen zu erhalten.
- Ist die Fläche stets oberhalb der x-Achse, die bestimmt wird, können wir ganz normal das Integral berechnen.

Merke: Wenn die Funktion im zu berechnendem Intervall einen Vorzeichenwechsel hat, ist ein Teil der Fläche unterhalb der x-Achse und Teil oberhalb. Die Fläche unterhalb der x-Achse muss dann im Betrag genommen werden.

Beispiel Gegeben sei die Funktion $f(x) = -x^2 + 7x - 10$ (siehe Abbildung) und es soll die Fläche berechnet werden, die von dem Graph und der x-Achse eingeschlossen wird. Zunächst berechnen wir die Nullstellen: $x_1 = 2$ und $x_2 = 5$. Das sind gleichzeitig unsere Integrationsgrenzen. Es folgt für die Fläche

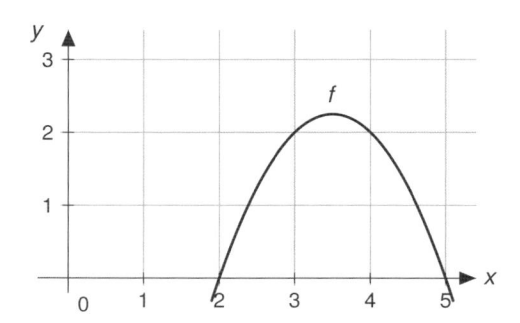

$$\int_2^5 -x^2 + 7x - 10 \, dx = \left[-\frac{x^3}{3} + \frac{7x^2}{2} - 10x \right]_2^5$$

$$= \left(-\frac{5^3}{3} + \frac{7 \cdot 5^2}{2} - 10 \cdot 5 \right) - \left(-\frac{2^3}{3} + \frac{7 \cdot 2^2}{2} - 10 \cdot 2 \right) = 4{,}5 \, [\text{FE}]$$

zwischen Graph und x-Achse im Intervall von [2, 4]

Beispiel In der nebenstehenden Abbildung soll die Fläche einer Funktion $f(x)$ im Intervall [0, 2] bestimmt werden.

$$\int_0^2 f(x) \, dx = 0$$

gibt hierbei nicht den gesuchten Flächeninhalt an, sondern den Integralwert!

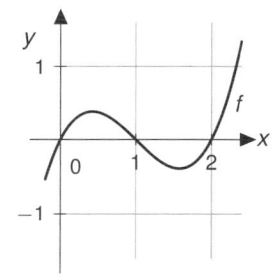

Aus diesem Grund ist die Berechnung der Nullstellen wichtig. Da bei der Funktion $f(x) = x^3 - 3x^2 + 2x$ eine Nullstelle bei $x = 1$ vorliegt, also innerhalb der angegebenen Integrationsgrenzen, gibt es einen Vorzeichenwechsel und ein Teil des Graphen muss unterhalb der x-Achse liegen. Tipp: Teilfläche A_1 von unterer Grenze zur Nullstelle und Teilfläche A_2 von Nullstelle zu oberer Grenze berechnen. Es folgt mit

$$A_1 = \left| \int_0^1 f(x) \, dx \right| = 0{,}25 \, [\text{FE}] \quad \text{und} \quad A_2 = \left| \int_1^2 f(x) \, dx \right| = |-0{,}25| = 0{,}25 \, [\text{FE}]$$

der gesuchte Flächeninhalt $A_{ges} = 0{,}25 + 0{,}25 = 0{,}5 \, [\text{FE}]$.

zwischen zwei Graphen

Wenn f und g zwei Funktionen sind, die auf dem Intervall $[a;b]$ stetig sind und $f(x) \geq g(x)$ für alle $x \in [a;b]$ gilt, dann ist die Fläche, die von beiden Funktionen eingeschlossen wird

$$A = \int_a^b (f(x) - g(x))\, dx = [F(x) - G(x)]\big|_a^b = (F(b) - G(b)) - (F(a) - G(a)).$$

Beispiel Bestimme den Flächeninhalt, der von den Funktionen

$$f(x) = -\frac{x^2}{12} + 3 \quad \text{und} \quad g(x) = \frac{x^2}{6} + 1$$

eingeschlossen wird. Hierfür benötigen wir zunächst die Schnittpunkte der beiden Funktionen.

zwischen zwei Graphen

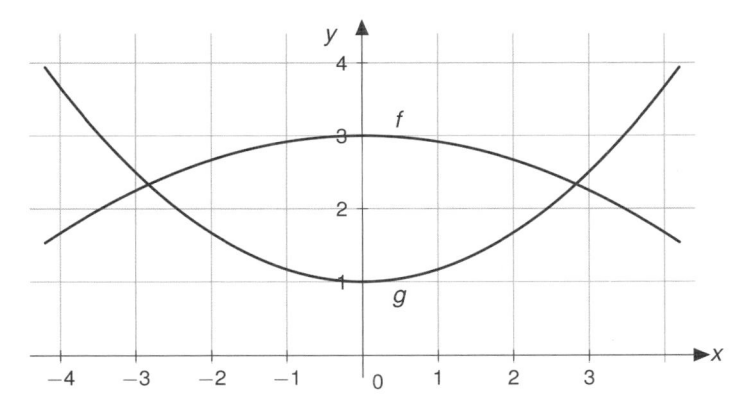

Dazu setzen wir beide Funktionen gleich und erhalten:

$$f(x) = g(x)$$
$$-\frac{x^2}{12} + 3 = \frac{x^2}{6} + 1$$
$$x_1 = -\sqrt{8} \,\wedge\, x_2 = \sqrt{8}$$

Nun haben wir alle Informationen um die Fläche zwischen den beiden Graphen durch folgendes Integral zu berechnen:

$$\int_{-\sqrt{8}}^{\sqrt{8}} (f(x) - g(x))\, dx = \int_{-\sqrt{8}}^{\sqrt{8}} -\frac{x^2}{12} + 3 - \left(\frac{x^2}{6} + 1\right) dx = \int_{-\sqrt{8}}^{\sqrt{8}} -\frac{x^2}{4} + 2\, dx$$

Zu beachten: Wenn sich zwei Graphen schneiden, wird ab dem Schnittpunkt aus der oberen Funktion die untere. Wir würden nun einen negativen Flächeninhalt herausbekommen, also müssen wir Betragsstriche setzen. Dann weiter vorgehen wie in dem Beispiel zuvor.

17.5 Integration durch Substitution

Unter Substitution versteht man allgemein das Ersetzen eines Terms durch einen anderen. Und genau das tun wir hier, um eine Integration durchzuführen. Durch Einführung einer neuen Integrationsvariablen wird ein Teil des Integranden ersetzt, um das Integral zu vereinfachen und so letztlich auf ein bekanntes oder einfacheres Integral zurückzuführen. Die Kettenregel aus der Differentialrechnung ist die Grundlage der Substitutionsregel.

$$\int_a^b f(u(x)) \cdot u'(x)\, dx = \int_{u(a)}^{u(b)} f(u)\, du$$

Integration durch Substitution

In Anlehnung an die Kettenregel kann über Integration per Substitution gesagt werden, dass sie immer dort angewendet wird, wo ein Faktor im Integranden die Ableitung eines anderen Teils des Integranden ist; im Prinzip immer dort, wo man auch die Kettenregel anwenden würde. Ist die Ableitung ein konstanter Faktor, so kann dieser aus dem Integral faktorisiert werden. Vorgehen:

1. Den zu substituierenden Term bestimmen, ableiten und nach dx umstellen.

2. Substitution durchführen.

3. Integral lösen.

4. Rücksubstitution durchführen.

Beispiel Bestimme das Integral der Funktion $f(x) = (x^2 - 4)^3 \cdot 2x$ im Intervall 4 und 5 und gebe die Menge aller Stammfunktionen an. Wir schreiben zunächst das Integral auf, welches bestimmt werden soll:

$$\int_4^5 \underbrace{(x^2 - 4)^3}_{f(u(x))} \cdot \underbrace{2x}_{u'(x)} \, dx$$

Wir erkennen eine Verkettung $(x^2 - 4)^3$ und stellen fest, dass wir diesen Teil nicht mit den bisher bekannten Methoden integrieren können. Zusätzlich erkennen wir, dass $2x$ die Ableitung der inneren Funktion $u(x) = x^2 - 4$ ist und das ist es, was wir wollen! Also ersetzen (substituieren) wir diesen Teil durch den Parameter u:

$$\text{mit } u = x^2 - 4 \text{ folgt}: \quad \int_4^5 u^3 \cdot 2x \, dx$$

Da nach u integriert werden soll, muss als nächstes dx ersetzt werden. Das schaffen wir, indem wir u nach x ableiten, nach dx umstellen und in das Integral einsetzen:

$$u' = \frac{du}{dx} = 2x \Leftrightarrow dx = \frac{du}{2x} \Rightarrow \int_4^5 u^3 \cdot 2x \, \frac{du}{2x}$$

Das $2x$ kürzt sich an dieser Stelle raus und der Integrand hängt nur noch von u ab. An dieser Stelle müssen wir noch die Integralgrenzen ersetzen mit $u(4) = 12$ und $u(5) = 21$ und können das Integral bestimmen:

$$\int_{12}^{21} u^3 \, du = \left[\frac{1}{4}u^4\right]_{12}^{21} = 43.436{,}25 \text{ [FE]}$$

Für die Stammfunktion müssen wir u rücksubstituieren: $F(x) = \frac{1}{4}\underbrace{(x^2 - 4)}_{=u}^4 + C$. Weitere Beispiele:

Beispiel
e-Funktion

1) $\int_0^{2\pi} \sin(2x) \, dx$ (innere Funktion / äußere Funktion) $u = 2x$

$= \int_0^{2\pi} \sin(u) \, dx$ $u' = 2 = \frac{du}{dx}$

$= \int_{u(0)=0}^{u(2\pi)=4\pi} \sin(u) \, \frac{du}{2}$ $\Leftrightarrow dx = \frac{du}{2}$

Grenzen ersetzen!

$= \frac{1}{2}\int_0^{4\pi} \sin(u) \, du$

$= \frac{1}{2}[-\cos(u)]_0^{4\pi}$

2) $\int_1^2 e^{3x} \, dx$ (innere Funktion / äußere Funktion) $u = 3x$

$= \int_1^2 e^u \, dx$ $u' = 3 = \frac{du}{dx}$

$= \int_{u(1)=3}^{u(2)=6} e^u \, \frac{du}{3}$ $\Leftrightarrow dx = \frac{du}{3}$

Grenzen ersetzen!

$= \frac{1}{3}\int_3^6 e^u \, du$

$= \frac{1}{3}[e^u]_3^6$

Aufgaben

A.17.1 Bestimme folgende Integrale.

a) $\int_0^2 x^2 + 2x - 3 \, dx$

b) $\int_{-1}^1 x^3 \, dx$

c) $\int_0^1 e^x \, dx$

d) $\int_{-1}^2 e^{2x} + x \, dx$

A.17.2 Der Querschnitt eines Flusses kann durch die Funktion $f(x) = 0{,}25x^2$ beschrieben werden.

a) Wie tief ist er an seiner tiefsten Stelle, wenn er maximal 4 m breit ist? Mach eine Skizze.

b) Berechne die Querschnittsfläche des Kanals.

17.6 Interpretation im Sachzusammenhang

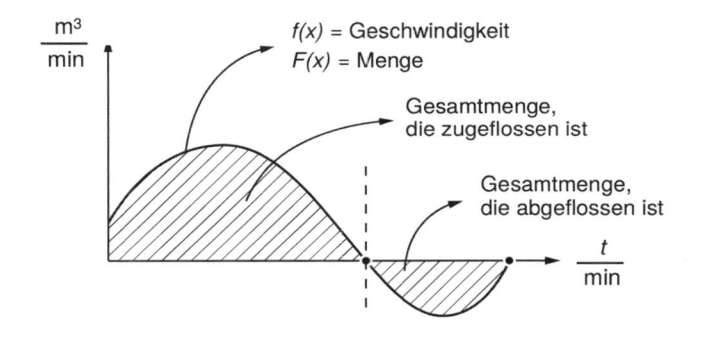

Mit der Interpretation haben Schüler oft Schwierigkeiten, wenn im Graphen Geschwindigkeiten etc. gegeben sind, anstatt einer Menge. Schaut also zunächst auf die Achsen, welche Einheiten gegeben sind und lest den Aufgabentext genau durch.

In diesem Fall beschreibt $f(x)$ die Zuflussgeschwindigkeit pro Minute. Dann fließt das Wasser

- bis zur Nullstelle zu, da der Graph dort im Positiven liegt.
- ab der Nullstelle ab, da der Graph im Negativen liegt.

17.7 Mittelwertsatz der Integralrechnung

Häufig ist eine Funktion gegeben, die den Wasserstand angibt oder die Geschwindigkeit des Wasserzuflusses! Wenn dann zum Beispiel nach der durchschnittlichen Höhe des Wasserstandes in einem bestimmten Zeitraum gefragt ist, bedient man sich oft am *Mittelwertsatz* der Integralrechnung:

$$\frac{1}{b-a}\int_a^b f(x) \, dx = \frac{1}{b-a}[F(x)]_a^b = \frac{1}{b-a}(F(b) - F(a))$$

Der Mittelwertsatz gibt im Allgemeinen den Durchschnitt aller y-Werte an (achtet darauf, was die Funktion im Sachzusammenhang angibt).

Beispiele

$$\frac{1}{24 - 0} \int_0^{24} f(x)\, dx$$

= durchschnittliche Wasserstandhöhe in 24 Std.

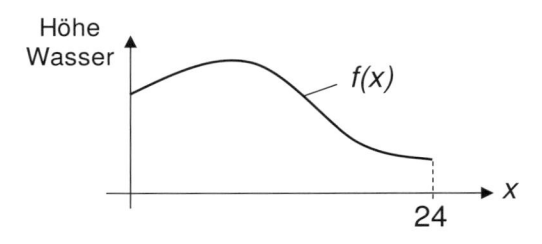

$$\frac{1}{24 - 0} \int_0^{24} f(x)\, dx$$

= durchschnittliche Zunahmegeschwindigkeit des Wassers in 24 Std.

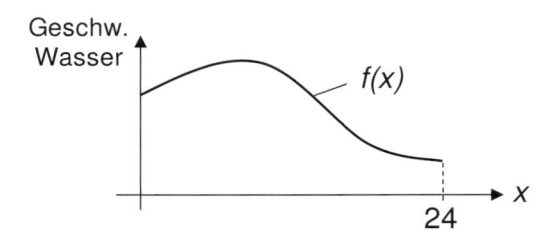

Aufgaben

A.17.3 Gegeben ist folgende Funktion $F(x)$.

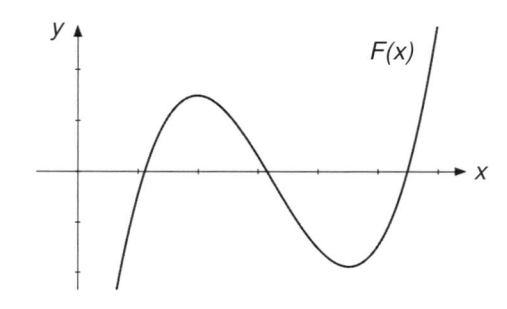

Welche der folgenden Funktionen stellt $f(x)$ dar?

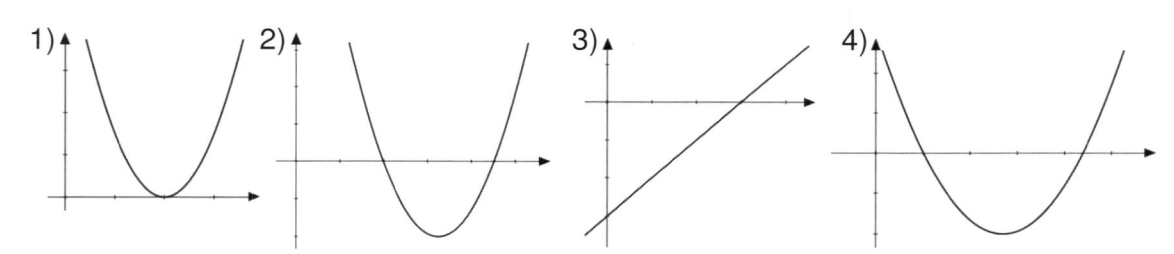

A.17.4 Stelle die markierte Fläche folgender Funktion als Integral dar!

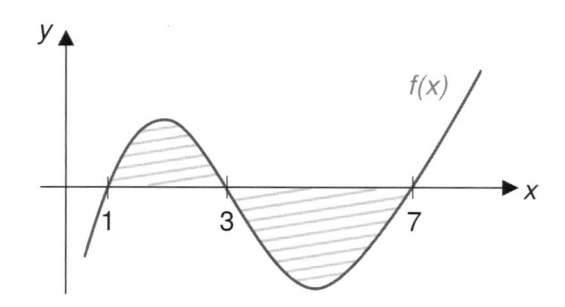

17.5 Berechne $\int_2^5 3x^2 + 4x\, dx$.

Teil IV

Wahrscheinlichkeit und Statistik

18 Grundlagen

18.1 Das Zufallsexperiment

Bei einem Zufallsexperiment (auch Zufallsversuch genannt) handelt es sich um einen Versuch, der unter bestimmten Bedingungen durchgeführt wird und einen zufälligen Ausgang besitzt.

> **Eigenschaften eines Zufallsexperimentes**
>
> - geplanter und kontrolliert ablaufender Zufallsvorgang
> - wiederholbar unter gleichen Bedingungen
> - mögliche Ergebnisse des Vorgangs stehen im Voraus fest
> - das tatsächliche Ergebnis ist im Voraus <u>nicht</u> bekannt
> - **Beispiele**: Werfen eines Würfels, Ziehung der Lottozahlen

18.2 Ergebnis, Ereignis und Ergebnisraum

Ein Elementarereignis ist ein einzelnes und sich gegenseitig ausschließendes mögliches Ergebnis ω eines Zufallsexperimentes. Wenn wir einen Würfel einmal werfen, gibt es nur folgende Möglichkeiten, wie der Würfel fallen kann:

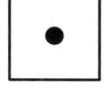

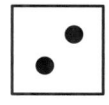

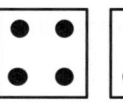

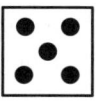

$\omega_1 = 1 \quad \omega_2 = 2 \quad \omega_3 = 3 \quad \omega_4 = 4 \quad \omega_5 = 5 \quad \omega_6 = 6$

Wichtige Begriffe

Die Menge aller möglichen Ergebnisse ω_i heißt Ergebnisraum Ω, wobei jedes Ergebnis genau einmal in Ω vorkommt. Für unser Beispiel mit dem einmaligen Werfen eines Würfels folgt für den Ergebnisraum:

$$\Omega = \{\omega_1, \omega_2, \omega_3, \omega_4, \omega_5, \omega_6\} = \{1, 2, 3, 4, 5, 6\}$$

Jede Zusammenfassung von einem oder mehreren Ergebnissen eines Zufallsexperimentes in einer Menge wird Ereignis genannt. Beispiele für Ereignisse:

- eine ungerade Zahl beim Drehen eines Glücksrades (1-9) - Lösung: $\{1, 3, 5, 7, 9\}$
- Werfen von zwei Würfeln, deren Augenzahlsumme 10 ist - Lösung: $\{(6; 4), (5; 5), (4; 6)\}$

Spezielle Ereignisse sind das sichere und das unmögliche Ereignis.

Sicheres Ereignis: Die Ergebnismenge Ω ist die Zusammenfassung aller möglichen Ergebnisse eines Zufallsexperimentes. Sie ist somit ebenfalls ein Ereignis. Da dieses Ereignis immer eintritt, nennt man dieses Ereignis auch sicheres Ereignis.

Beispiel: Beim Zufallsexperiment *Zweimaliges Werfen eines Würfels* ist das Ereignis *Summe der beiden Augenzahlen ist kleiner oder gleich 12* ein sicheres Ereignis!

Unmögliches Ereignis: Das unmögliche Ereignis ist ein Ereignis, das bei jeder Ausführung des Zufallsexperimentes niemals eintreten kann. Die Wahrscheinlichkeit für das Eintreten jedes unmöglichen Ereignisses ist also gleich Null!

Beispiel 1: Beim Zufallsexperiment *Zweimaliges Werfen eines Würfels* ist das Ergebnis *Summe der beiden Augenzahlen ist gleich Null* unmöglich.

Beispiel 2: Beim Würfeln eines normalen Würfels eine 7 würfeln.

18.3 Verknüpfungen von Ereignissen

Durch Verknüpfung von Ereignissen entstehen zusammengesetzte Ereignisse. Diese werden häufig anhand von Venn-Diagrammen veranschaulicht. Letztere bestehen aus einem Rechteck mit der Grundgesamtheit Ω, in dem die Ausgangsereignisse (Mengen A, B, ...) als Kreise oder Ellipsen dargestellt sind.

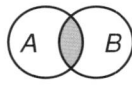

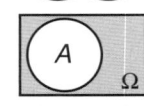

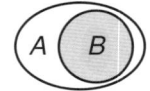

- **Vereinigungsereignis**: $A \cup B := \{x | x \in A \vee x \in B\}$
  A tritt ein oder B tritt ein.

- **Durchschnittsereignis**: $A \cap B := \{x | x \in A \wedge x \in B\}$
  A tritt ein und B tritt ein.

- **Differenzereignis**: $A \setminus B := \{x | x \in A \wedge x \notin B\}$
  A tritt ein, aber B tritt nicht ein.

- **Komplementärereignis**: $\bar{A} = \Omega \setminus A$
  A tritt nicht ein. (auch Gegenereignis genannt)

- **Disjunkte Ereignisse**: $A \cap B := \emptyset$
  Zwei Ereignisse heißen disjunkt, wenn ihre Schnittmenge die leere Menge ist.

- **Teilmenge**: $B \subset A$ (B ist Teilmenge von A)

18.4 Der Wahrscheinlichkeitsbegriff

Den einzelnen Elementen eines Ereignisraumes lassen sich Wahrscheinlichkeiten zuordnen. Die Wahrscheinlichkeit P eines Ereignisses A wird mit $P(A)$ bezeichnet. Bei einem Zufallsexperiment kann man zwar nicht voraussagen, welches Ereignis eintritt, man hält jedoch oft das Eintreten einiger Ereignisse für mehr, andere für weniger wahrscheinlich.

Eigenschaften:

1. $0 \leq P(A) \leq 1$
2. $P(\Omega) = 1$ (Normierung) und $P(\{\}) = 0$
3. $P(A \cup B) = P(A) + P(B) - P(A \cap B)$ (Additionssatz)
4. $P(\overline{A}) = 1 - P(A)$ (Gegenwahrscheinlichkeit)

Die Wahrscheinlichkeit ordnet jedem Ereignis eine nicht-negative Zahl zu.

18.5 Wahrscheinlichkeit nach Laplace

Um Wahrscheinlichkeiten berechnen zu können, benötigt man Zusatzinformationen über das jeweilige Zufallsexperiment. Eine Zusatzinformation kann z.B. darin bestehen, dass man weiß, dass die Ergebnismenge endlich (oder auch abzählbar) ist und die Wahrscheinlichkeiten für die n Elementarereignisse alle gleich groß sind. Ein Zufallsexperiment mit diesen Eigenschaften heißt Laplace-Experiment. Bei einem Laplace-Experiment lässt sich die Wahrscheinlichkeit für ein Ereignis A als Quotient aus der Anzahl der für A günstigen Fälle und der Anzahl aller möglichen Ergebnisse des Zufallsexperiments errechnen:

$$P(A) = \frac{\text{Anzahl der Elementareignisse, bei denen } A \text{ eintritt}}{\text{Anzahl aller überhaupt möglichen Elementareignisse}}$$

Beispiele

1. Wie hoch ist beim zweimaligen Würfeln die Wahrscheinlichkeit, dass die Augensumme 7 beträgt?

Wie wir bereits wissen, müssen wir zunächst alle möglichen Ereignisse (Elementarereignisse) auflisten. Die Elementarereignisse lauten zusammengefasst in unserem Ereignisraum:

$$\Omega = \{(1,1), (1,2), (1,3), (1,4), (1,5), (1,6), (2,1), (2,2), (2,3), (2,4), (2,5), (2,6),$$
$$(3,1), (3,2), (3,3), (3,4), (3,5), (3,6), (4,1), (4,2), (4,3), (4,4), (4,5), (4,6),$$
$$(5,1), (5,2), (5,3), (5,4), (5,5), (5,6), (6,1), (6,2), (6,3), (6,4), (6,5), (6,6)\}$$

Es gibt also generell 36 Möglichkeiten, wie die Würfel bei zweimaligem Werfen fallen können. Als Nächstes markieren wir uns die Ereignisse, die für uns von Interesse sind:

$$A = \{(1,6), (2,5), (3,4), (4,3), (5,2), (6,1)\}$$

Demnach sind sechs günstige Ereignisse für uns von Interesse! Merke: Das für uns günstige Ereignis A muss eine Teilmenge aller möglichen Ereignisse sein, kurz: $A \subset \Omega$. Wenn wir jetzt noch die Anzahl der günstigen Ereignisse durch die Anzahl der möglichen teilen, erhalten wir die gesuchte Wahrscheinlichkeit:

$$P(A) = \frac{6}{36} = \frac{1}{6}$$

2. Ereignis, dass bei einmaligem Würfeln eine Sechs auftritt.

- $\Omega = \{1,2,3,4,5,6\}$ (mögliche Ereignisse)
- Ereignis: $A = \{6\}$
- Wahrscheinlichkeit: $P(A) = \frac{1}{6}$

3. Ereignis, dass bei einmaligem Würfeln nur gerade Zahlen erscheinen.

- $\Omega = \{1,2,3,4,5,6\}$
- Ereignis: $A = \{2,4,6\}$
- Wahrscheinlichkeit: $P(A) = \frac{3}{6} = \frac{1}{2}$

4. Ereignis, dass bei einmaligem Würfeln nur eine Zwei oder eine Vier gewürfelt wird.

- $\Omega = \{1,2,3,4,5,6\}$
- Ereignis: $A = \{2,4\}$
- Wahrscheinlichkeit: $P(A) = \frac{2}{6} = \frac{1}{3}$

Aufgaben

A.18.1 Ein Würfel mit den Augenzahlen 1 bis 6 wird geworfen. Wie groß ist die Wahrscheinlichkeit, dass ein Spieler

a) einen Sechser würfelt?   b) 1 oder 6 würfelt?   c) eine gerade Zahl würfelt?

A.18.2 Max geht in den Alpen wandern. Mit einer Wahrscheinlichkeit von 1% trifft er dort auf eine Kreuzotter, die einzige heimische Giftschlange. Die Wahrscheinlichkeit, bei einer Begegnung mit diesem Tier wirklich gebissen zu werden, beträgt 0,01%. Wie groß ist die Wahrscheinlichkeit, dass Max beim Wandern tatsächlich von einer Kreuzotter gebissen wird?

19 Baumdiagramme

Baumdiagramme können durch eine kleine Erweiterung sehr geschickt zur Berechnung von Wahrscheinlichkeiten von Ereignissen mehrstufiger Zufallsexperimente benutzt werden.

Dazu werden an den Zweigen die jeweiligen Wahrscheinlichkeiten eingetragen, mit denen das zum Zweig gehörige Ereignis des Zufallsexperimentes eintritt. Diese Wahrscheinlichkeiten nennt man kurz Zweigwahrscheinlichkeiten. Ein Baumdiagramm, das Zweigwahrscheinlichkeiten enthält, nennt man auch kurz Wahrscheinlichkeitsbaum. Üblicherweise gibt man alle Zweigwahrscheinlichkeiten entweder komplett als Brüche oder Dezimalzahlen an.

19.1 Mit oder ohne Zurücklegen?

Grundlegend ist aus der Aufgabenstellung zu entnehmen, ob es sich bei dem Zufallsexperiment um ein Experiment mit oder ohne Zurücklegen handelt. Machen wir uns anhand eines Beispiels deutlich, wo der Unterschied zwischen beiden Experimenten liegt.

19.1.1 Zufallsexperiment „mit Zurücklegen"

In einer Urne befinden sich 60 rote Kugeln (R) und 40 blaue Kugeln (B). Wir ziehen zwei Kugeln mit Zurücklegen. Wie wir bereits wissen, können wir hier die Laplace-Wahrscheinlichkeit berechnen und erhalten die folgenden Wahrscheinlichkeiten:

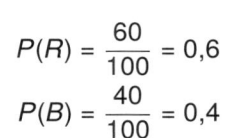

$$P(R) = \frac{60}{100} = 0{,}6$$
$$P(B) = \frac{40}{100} = 0{,}4$$

Erste Ziehung:
Im Baumdiagramm sehen wir die Wahrscheinlichkeiten im ersten Zug eine rote oder eine blaue Kugel zu ziehen. Addiert man die Wahrscheinlichkeiten für beide Ereignisse, so erhält man: $P(\Omega) = 1$.

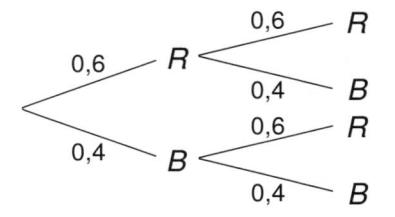

Zweite Ziehung:
Beim zweiten Zug hat man wieder die gleiche Chance eine rote oder eine blaue Kugel zu zie-

hen, da die Kugeln wieder zurücklegt werden. Dementsprechend ist festzuhalten, dass beim Ziehen mit Zurücklegen bei jedem Zug die gleichen Eintrittswahrscheinlichkeiten vorliegen (Laplace-Wahrscheinlichkeit). Auch hier müssen die einzelnen Ereignisse an jedem Knoten die Summe 1 ergeben.

19.1.2 Zufallsexperiment „ohne Zurücklegen"

ohne Zurücklegen

In einer Urne befinden sich 60 rote Kugeln (R) und 40 blaue Kugeln (B). Wir ziehen zwei Kugeln ohne Zurücklegen. Wie wir bereits wissen, können wir hier die Laplace-Wahrscheinlichkeit berechnen und erhalten die folgenden Wahrscheinlichkeiten für den ersten Zug:

$$P(R) = 0{,}6 = \frac{60}{100} \text{ bzw. } P(B) = 0{,}4 = \frac{40}{100}$$

Erste Ziehung:
Im Baumdiagramm sehen wir die Wahrscheinlichkeiten im ersten Zug eine rote oder eine blaue Kugel zu ziehen. Addiert man die Wahrscheinlichkeiten für beide Ereignisse, erhalten wir: $P(\Omega) = 1$.

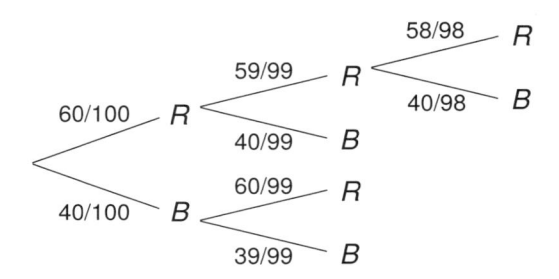

Zweite Ziehung:
Im Gegensatz zum *Ziehen mit Zurücklegen* ändern sich die Wahrscheinlichkeiten beim *Ziehen ohne Zurücklegen* im zweiten Zug. Zieht man beispielsweise im ersten Zug eine rote Kugel, so hat man im zweiten Zug eine geringere Wahrscheinlichkeit eine rote Kugel zu ziehen. Warum? Weil sich die Anzahl der günstigen und der möglichen Ereignisse (eine Rote Kugel weniger) um 1 verringert. Es befinden sich also nur noch 59 rote und insgesamt 99 Kugeln in der Urne. Die Wahrscheinlichkeit im zweiten Zug eine rote Kugel zu ziehen, ändert sich von 60/100 auf 59/99.

> **Bei Zufallsexperimenten ohne Zurücklegen ist es sinnvoller Brüche statt Dezimalzahlen für die Wahrscheinlichkeiten zu verwenden.**

19.2 Wahrscheinlichkeit mit Pfadregel

Um die Wahrscheinlichkeit eines Ergebnisses zu erhalten, multipliziert man die Wahrscheinlichkeit entlang des Pfades, der dieses Ergebnis beschreibt.

> **Die Pfadregel gilt bei jedem mehrstufigen Zufallsexperiment, gleichgültig, ob mit oder ohne Zurücklegen.**

Zur Ermittlung einer Wahrscheinlichkeit

- zeichnet man ein Baumdiagramm und
- wendet die Pfadregel an!

Ist die Wahrscheinlichkeit eines Ereignisses gesucht,

19.2 Wahrscheinlichkeit mit Pfadregel

- genügt es, nur die Pfade zu zeichnen, die zu diesem Ereignis gehören,
- die Pfadregel anzuwenden und
- die Wahrscheinlichkeiten dieser Pfade zu addieren (Summenregel).

1. Pfadregel (Produktregel):
Die Wahrscheinlichkeiten eines einzelnen Ergebnisses ist das Produkt der Wahrscheinlichkeiten entlang des Pfades, der zu diesem Ergebnis führt.

2. Pfadregel (Summenregel):
Die Wahrscheinlichkeit eines Ereignisses ist die Summe der Wahrscheinlichkeiten der Pfade, die zu diesem Ereignis gehören.

Machen wir uns die Pfadregeln anhand des bekannten **Beispiels** klar:

In einer Urne befinden sich 60 rote Kugeln und 40 blaue Kugeln. Wir ziehen zwei Kugeln mit Zurücklegen. Es liegt somit ein Laplace-Experiment vor, bei dem die Wahrscheinlichkeiten für ein Ereignis immer gleich sind. Die Wahrscheinlichkeiten sowie das Baumdiagramm lauten:

$$P(R) = \frac{60}{100} \text{ und } P(B) = \frac{40}{100}$$

1. Gesucht sei die Wahrscheinlichkeit für zwei rote Kugeln.

Für die gesuchte Wahrscheinlichkeit, müssen wir die Wahrscheinlichkeiten mit der Pfadregel entlang des Pfades multiplizieren. Die Wahrscheinlichkeit zwei rote Kugeln hintereinander zu ziehen beträgt:

$$P(R,R) = P(R) \cdot P(R) = 0{,}6 \cdot 0{,}6 = 0{,}36 = 36\%$$

2. Gesucht sei die Wahrscheinlichkeit für eine blaue und eine rote Kugel.

Für die gesuchte Wahrscheinlichkeit müssen wir die Wahrscheinlichkeiten für eine rote und blaue sowie für eine blaue und rote Kugel mit der Pfadregel bestimmen. Warum? Weil die Reihenfolge der Ziehung egal ist. Es geht darum, insgesamt eine blaue und eine rote Kugel zu ziehen.

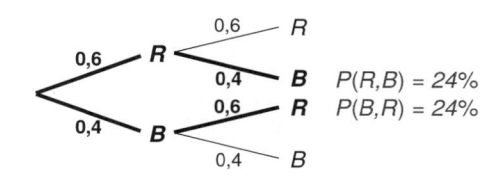

Die gesamte Wahrscheinlichkeit, eine rote und blaue Kugel zu ziehen, wird dann mit der Summenregel bestimmt. Die Wahrscheinlichkeit eine rote und eine blaue Kugel zu ziehen beträgt:

$$P(R \text{ oder } B) = P(R,B) + P(B,R) = \underbrace{\underbrace{0{,}6 \cdot 0{,}4}_{\text{Pfadregel 1}} + \underbrace{0{,}4 \cdot 0{,}6}_{\text{Pfadregel 1}}}_{\text{Pfadregel 2}} = 0{,}24 + 0{,}24 = 0{,}48 = 48\%$$

Aufgaben

A.19.1 In einer Urne liegen 4 schwarze, 7 grüne und 2 rote Kugeln. Es wird dreimal ohne Zurücklegen gezogen. Wie groß ist die Wahrscheinlichkeit nur schwarze oder grüne Kugeln zu ziehen?

A.19.2 In einer Urne liegen 5 blaue und 3 schwarze Kugeln. Es wird dreimal ohne Zurücklegen gezogen. Wie groß ist die Wahrscheinlichkeit mindestens zwei blaue Kugeln zu ziehen?

20 Kombinatorik

Erinnern wir uns an dieser Stelle an den Quotienten der Laplace-Wahrscheinlichkeit:

$$P(A) = \frac{\text{Anzahl der günstigen Ergebnisse}}{\text{Anzahl der möglichen Ergebnisse}}$$

Bei der Bestimmung dieses Quotienten bedient man sich der Kombinatorik. Dort veranschaulicht man Ergebnisse für Zufallsexperimente mit endlicher Ergebnismenge häufig anhand des Urnenmodells - gedanklich ein Gefäß mit n durchnummerierten Kugeln, von denen k zufällig ausgewählt werden. Die Auswahl der Kugeln ist als Ziehung einer Zufallsstichprobe des Umfangs k aus einer Grundgesamtheit mit n Elementen zu interpretieren. Wenn jede denkbare Stichprobe des Umfangs k mit gleicher Wahrscheinlichkeit realisiert wird, liegt eine einfache Zufallsstichprobe vor.

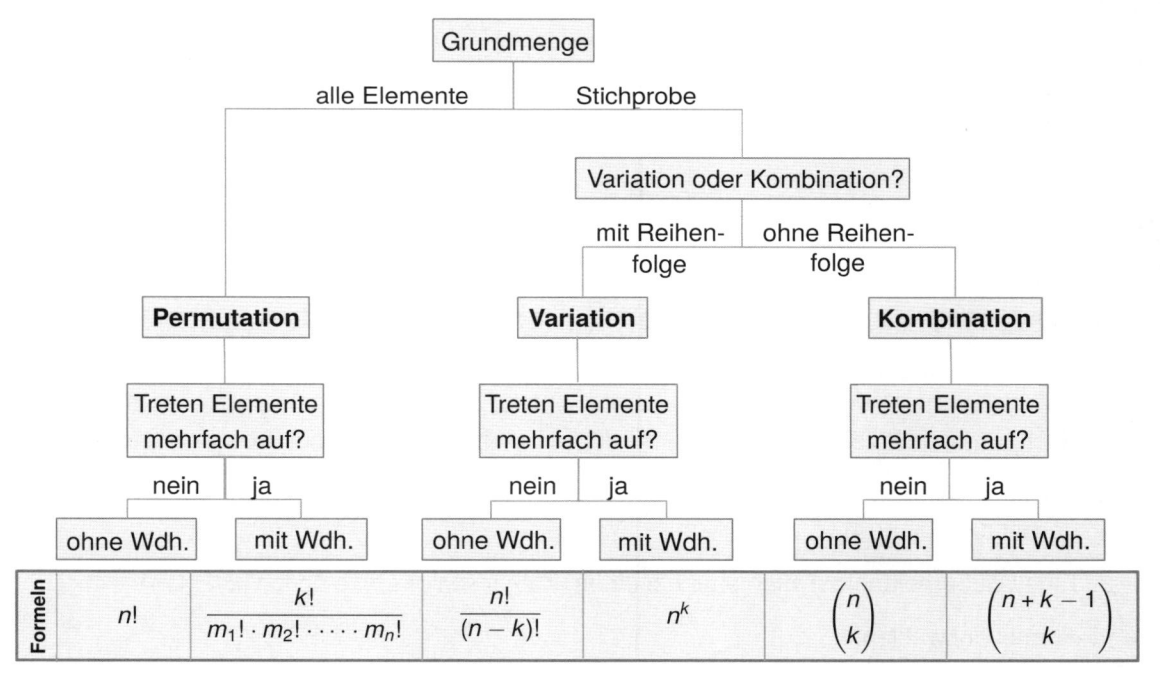

Einleitung

Einfache Beispiele

Übersicht

```
                        Grundmenge
              alle Elemente  |  Stichprobe
                             |
                    Variation oder Kombination?
                    mit Reihen-    ohne Reihen-
                      folge          folge
   Permutation       Variation      Kombination
   Treten Elemente   Treten Elemente Treten Elemente
   mehrfach auf?    mehrfach auf?   mehrfach auf?
    nein   ja        nein   ja       nein   ja
  ohne Wdh. mit Wdh. ohne Wdh. mit Wdh. ohne Wdh. mit Wdh.
```

Formeln						
	$n!$	$\dfrac{k!}{m_1! \cdot m_2! \cdot \ldots \cdot m_n!}$	$\dfrac{n!}{(n-k)!}$	n^k	$\binom{n}{k}$	$\binom{n+k-1}{k}$

Wie viele Möglichkeiten der Auswahl der n Elemente es gibt, hängt davon ab, ob die Elemente der Stichprobe nach der Ziehung jeweils wieder zurückgelegt werden oder nicht (Urnenmodell bzw. Stichprobenziehung mit/ohne Zurücklegen). Die Anzahl der Möglichkeiten hängt auch davon ab, in welcher Reihenfolge die n nummerierten Kugeln gezogen werden (Stichprobenziehung mit/ohne Berücksichtigung der Anordnung). Formeln für die Berechnung der Anzahl der Möglichkeiten der Ziehung einer Stichprobe des Umfangs k aus einer Grundgesamtheit mit n Elementen in allen 6 Fällen sind obiger Übersicht zusammenfassend dargestellt.

Der Binomialkoeffizient ist definiert durch:

$$\binom{n}{k} = \frac{n!}{(n-k)! \cdot k!}$$

Der Binomialkoeffizient gibt die Anzahl aller Kombinationsmöglichkeiten an.

Besondere Fälle: $\binom{n}{0} = 1$ und $\binom{k}{1} = k$ sowie $\binom{n}{n} = 1$.

Die Fakultät $k! = 1 \cdot 2 \cdot 3 \cdot \ldots \cdot k$ ist das Produkt aus allen natürlichen Zahlen von 1 bis k. Weiterhin solltet ihr wissen, dass $0! = 1$ ist.

> **Welche Formel brauche ich?**
>
> 1. Entscheide, ob alle Elemente betrachtet werden oder nur eine Stichprobe.
> 2. Entscheide, ob die Reihenfolge/Anordnung wichtig ist.
> 3. Entscheide, ob eine Wiederholung der Elemente möglich ist.
> 4. Formel auswählen.
> 5. Wähle n und k.
>   Merke: k ist immer etwas, von dem wir die Möglichkeiten/Wahrscheinlichkeit wissen möchten und n sind immer die Elemente, die wir zur Verfügung haben.

Beispiele

1. Peter hat ein Zahlenschloss mit vier Ziffern. Er hat bei den ganzen Maturafeiern seinen Code vergessen. Er fragt sich nun, wie viele Möglichkeiten er hat, um sein Schloss wieder zu öffnen.

Hierfür arbeiten wir das obige Vorgehen ab:

1. Stichprobe, da Ziffern von [0 – 9] zur Verfügung stehen, aber nur vier Ziffern genutzt werden.
2. Die Reihenfolge beim Zahlenschloss ist wichtig, da [1, 2, 3, 4] eine andere Variation des Codes ist als [1, 3, 2, 4].
3. Eine Wiederholung der Elemente bei einem Zahlenschloss ist möglich [2, 2, 1, 4].
4. Formel auswählen: n^k
5. Wähle n und k: In diesem Beispiel sind die Ziffern [0 – 9] die Elemente, die wir zur Verfügung haben und entnehmen aus dieser Grundgesamtheit vier Elemente, die uns interessieren.

$$10^4 = 10000 \text{ Möglichkeiten}$$

2. Beim Osterlauf in Paderborn nehmen 10 Rennläufer teil. Wie viele Möglichkeiten gibt es für Gold, Silber und Bronze?

Hierfür arbeiten wir auch wieder das obige Vorgehen ab:

1. Stichprobe, da nur die ersten drei Plätze von Interesse sind, es aber zehn Rennläufer gibt.

2. Die Reihenfolge/Anordnung ist wichtig, da Gold, Silber und Bronze von Interesse ist.

3. Eine Wiederholung ist nicht möglich, da der Rennläufer der Gold gewonnen hat, nicht gleichzeitig auch Silber gewinnen kann.

4. Formel auswählen: $\frac{n!}{(n-k)!}$

5. Wähle n und k: In diesem Beispiel sind die zehn Rennläufer die Grundgesamtheit ($n = 10$), die zur Verfügung steht. Von Interesse sind hier die ersten drei Plätze ($k = 3$).

$$\frac{10!}{(10-3)!} = \frac{10!}{7!} = \frac{1 \cdot 2 \cdot 3 \cdot 4 \cdot 5 \cdot 6 \cdot 7 \cdot 8 \cdot 9 \cdot 10}{1 \cdot 2 \cdot 3 \cdot 4 \cdot 5 \cdot 6 \cdot 7} = 10 \cdot 9 \cdot 8 = 720 \text{ Möglichkeiten}$$

3. Wie viele Möglichkeiten gibt es, fünf verschiedene Stochastik-Bücher in ein Regal nebeneinander zu stellen?

Hierfür arbeiten wir auch wieder das obige Vorgehen ab:

1. In diesem Beispiel werden alle Elemente in der Aufgabenstellung betrachtet und nicht etwa eine Stichprobe von drei Büchern erfragt.

2. Wenn man Elemente betrachtet, verwendet man die Permutation, die immer geordnet ist.

3. Es ist keine Wiederholung möglich, da die Stochastik-Bücher verschiedenartig sind, somit jedes Element nur einmal existiert. (Signalwort: *verschiedene*).

4. Formel auswählen: $n!$

5. Wähle n: Zu wählen sind alle Elemente in der Aufgabenstellung.

$$5! = 5 \cdot 4 \cdot 3 \cdot 2 \cdot 1 = 120 \text{ Möglichkeiten}$$

Aufgabe

A.20.1 Gegeben ist der Binomialkoeffizient $\binom{5}{x}$. x ist dabei ein Element der natürlichen Zahlen. Gib für x alle Zahlen an, für die der Binomialkoeffizient genau 1 ist. Was genau beschreibt der Binomialkoeffizient?

Lösungen

Notizen

21 Spezielle diskrete Verteilungen

21.1 Zufallsvariablen und Verteilungen

> Eine Zufallsvariable (X) ist eine Funktion, die den Ergebnissen eines Zufallsexperimentes reelle Zahlen zuordnet:
>
> $$X: \Omega \to \mathbb{R}, \quad X: \omega \to X(\omega) = x$$

Beispiele

1. Zweimaliges Würfeln mit der Zufallsvariable „$X=$ Augensumme"

e_i	(1|1)	(1|2)	(2|1)	(2|2)	...	(6|6)
$X(e_i) = x_i$	2	3	3	4	...	12

Elementar-ergebnisse	Realisationen	Wahrscheinlich-keiten
(1|1)	2	1/36
(1|2)	3	2/36
(2|1)	4	3/36
...	...	...
(6|6)	12	1/36

2. Eine Münze wird 2 mal geworfen mit der Zufallsvariable „$X=$ Anzahl der Zahl-Würfe"

Was für Möglichkeiten gibt es? Wie sieht der Ergebnisraum aus? Wenn wir das wissen, können wir folgende Tabelle erstellen:

e_i	(K|K)	(Z|K), (K|Z)	(Z|Z)
$X(e_i) = x_i$	0	1	2
$P(x_i)$	1/4	1/2	1/4

Grundlagen

21.2 Diskrete Zufallsvariablen

Eine Zufallsvariable heißt diskret, wenn es endlich oder abzählbar unendlich viele Werte X_1, X_2, X_3, ..., X_n annehmen kann.

Eine Zufallsvariable (X), die nur endlich oder abzählbar unendlich viele Werte annimmt, ist immer diskret. Beispiele: Augenzahl beim Würfeln, Münzwurf

21.3 Träger einer diskreten Zufallsvariablen

- Der Träger T_X einer diskreten ZV X ist die Menge aller Werte, die X mit positiver Wahrscheinlichkeit annimmt.
- Meist ist der Träger einer diskreten Zufallsvariablen eine Teilmenge der natürlichen Zahlen $(1, 2, 3, ..., n)$.
- Den Träger T_X kann man auch als Ereignisraum verstehen.
- Wichtig: Es müssen zunächst immer alle Träger der Zufallsvariablen ermittelt werden um dann die Wahrscheinlichkeit zu bestimmen.
- Beispiele:
  - Augenzahl beim einmaligen Würfeln (Ereignisraum $\Omega = \{1, 2, 3, 4, 5, 6\}$).
  - Anzahl von der Ziehung eines normalen Kartenspiels ohne Zurücklegen, bis die Karo 7 gezogen wird ($\Omega = \{1, 2, 3, ..., 32\}$).

21.4 Wahrscheinlichkeitsfunktion einer diskreten Zufallsvariablen

Eine Wahrscheinlichkeitsverteilung gibt an, wie sich die Wahrscheinlichkeiten auf die möglichen Werte einer Zufallsvariablen verteilen und ist nur für diskrete Zufallsvariablen definiert. Definition:

$$f : \mathbb{R} \to [0; 1], \quad f : x \to f(x) = P(X = x) = p$$

$P(X = x)$ gibt die Wahrscheinlichkeit an, dass die ZV X den Wert x annimmt. Mag auf den ersten Blick kompliziert sein, aber wir betrachten dafür mal ein kleines Beispiel:

Es wird ein normaler Würfel geworfen. Wie bereits beschrieben müssen erst die Träger der Zufallsvariablen bestimmt werden, welche auch als Ereignisraum verstanden werden können. Der Ereignisraum lautet also

$$\Omega = \{1, 2, 3, 4, 5, 6\}.$$

Danach werden die Wahrscheinlichkeiten, analog zu den bisherigen Wahrscheinlichkeiten, mit Hilfe der Laplace-Wahrscheinlichkeit berechnet.

X_i	n_i	p_i
1	1	1/6
2	1	1/6
3	1	1/6
4	1	1/6
5	1	1/6
6	1	1/6
Σ	6	1

z.B. $f(1) = P(X = 1) = 1/6$

21.5 Verteilungsfunktion einer diskreten Zufallsvariablen

Die Verteilungsfunktion ist ein Hilfsmittel zur Beschreibung einer diskreten (oder stetigen) Wahrscheinlichkeitsverteilung. Eine Funktion F, die jedem x einer Zufallsvariablen X genau eine Wahrscheinlichkeit $P(X \leq x)$ zuordnet, heißt Verteilungsfunktion.

$$F : \mathbb{R} \to [0,1], \quad F : x \to F(x) = P(X \leq x)$$

Ahja, und was bedeutet das? Interpretation:

Die Verteilungsfunktion misst die Wahrscheinlichkeit, dass die Zufallsvariable X höchstens den Wert x annimmt: $F(X) = P(X \leq x) =$ „Wahrscheinlichkeit das X weniger oder gleich einen bestimmten Wert x hat." Eigenschaften:

- Die Verteilungsfunktion einer diskreten Zufallsvariablen ist eine Treppenfunktion.
- $F(x)$ ist für jedes x definiert und nimmt Werte von 0 bis 1 an.
- Wird bei Normalverteilungen verwendet! Signalwort: *Höchstens*.

Merke: $P(X \geq x) = 1 - P(X < x) = 1 - P(X \leq x - 1)$ und $P(X > x) = 1 - P(X \leq x)$

Beispiel: Eine Münze wird zwei mal geworfen mit der Zufallsvariable $X=$ Anzahl der „Zahl-Würfe"!

e_i	$(K\|K)$	$(Z\|K), (K\|Z)$	$(Z\|Z)$
$X(e_i) = x_i$	0	1	2
$P(x_i)$	1/4	1/2	1/4
$F(X)$	0,25	0,75	1

1. Wie hoch ist die Wahrscheinlichkeit, dass bei dem obigen Zufallsexperiment mindestens einmal „Zahl" geworfen wird?

Grundlegend drücken wir den Operator mindestens als $\geq$ aus und schreiben aus der Aufgabenstellung heraus, was gesucht ist. Daraus folgt:

$$P(X \geq 1)$$

Wahrscheinlichkeitsfunktion

P(x) axis with values P(0)=0,25, P(1)=0,5, P(2)=0,25 at x = 0, 1, 2.

Verteilungsfunktion

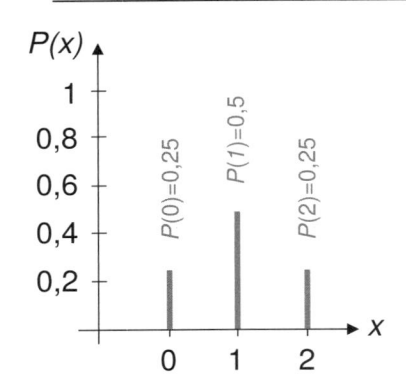

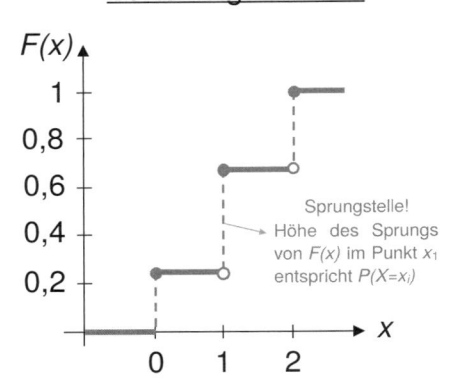

F(x) step function with jumps at 0, 1, 2.

Sprungstelle! Höhe des Sprungs von F(x) im Punkt x_1 entspricht $P(X=x_i)$

Im zweiten Schritt ist aus der Aufgabenstellung ersichtlich, dass die Träger der Zufallsvariablen $\Omega = \{0, 1, 2\}$ sind. An dieser Stelle muss man sich die Frage stellen, was wirklich größer gleich Eins ist. Daraus folgt, dass wirklich größer gleich Eins nur $P(X = 1)$ und $P(X = 2)$ sind und die Wahrscheinlichkeiten für beide Zufallsvariablen bekannt sind.

$$P(X \geq 1) = P(X = 1) + P(X = 2) = 0{,}5 + 0{,}25 = 0{,}75$$

Alternativ könnt ihr wie folgt vorgehen: Stellt euch doch die Frage, was echt kleiner als Eins ist. Echt kleiner als Eins ist nur $P(X = 0)$, wobei hierfür die Wahrscheinlichkeit bekannt ist. Es folgt

$$P(X \geq 1) = 1 - P(X < 1) = 1 - P(X = 0) = 1 - 0{,}25 = 0{,}75$$

2. Wie hoch ist die Wahrscheinlichkeit, dass bei einem Zufallsexperiment höchstens einmal „Zahl" geworfen wird?

Grundlegend drücken wir den Operator *höchstens* als $\leq$ aus und schreiben aus der Aufgabenstellung raus, was gesucht ist. Daraus folgt:

$$P(X \leq 1)$$

An dieser Stelle muss man sich die Frage stellen, was wirklich kleiner gleich Eins ist. Daraus folgt, dass wirklich kleiner gleich Eins nur $P(X = 0)$ und $P(X = 1)$ sind und die Wahrscheinlichkeiten für beide Zufallsvariablen bekannt sind.

$$P(X \leq 1) = P(X = 0) + P(X = 1) = 0{,}25 + 0{,}5 = 0{,}75$$

Man kann sich hier auch bei der Beantwortung die Verteilungsfunktion zu Nutze machen, da die Verteilungsfunktion die Wahrscheinlichkeit misst, dass die Zufallsvariable X höchstens ($\leq$) den Wert x annimmt! Es folgt

$$P(X \leq 1) = F(X = 1) = 0{,}75.$$

21.6 Verteilungsparameter einer diskreten Zufallsvariablen

Verteilungsparameter sind Größen, die bestimmte Aspekte einer Verteilung charakterisieren, wie zum Beispiel Lage, Streuung oder Schiefe einer Verteilung. Wichtige Parameter sind:

21.6 Verteilungsparameter einer diskreten Zufallsvariablen

Erwartungswert (Lageparameter):

- Der Erwartungswert ist der Schwerpunkt der Verteilung und beschreibt die Zahl, die die Zufallsvariable im Mittel annimmt.
- Der Erwartungswert $E(X)$ wird auch oft als μ bezeichnet.

$$\mu = E(X) = \sum_{i=1}^{k} x_i \cdot \underbrace{P(X = x_i)}_{=p_i} = x_1 \cdot p_1 + x_2 \cdot p_2 + \cdots + x_k \cdot p_k$$

Varianz (Streuungsparameter):

- Varianz beschreibt die Streuung einer Zufallsvariablen und hängt nicht vom Zufall ab.
- Die Varianz von der Zufallsvariablen X ist der Erwartungswert der quadrierten Abweichung von ihrem Erwartungswert.
- Oft wird statt $V(X)$ einfach σ^2 geschrieben.

$$\sigma^2 = V(X) = \sum_{i=1}^{k} (x_i - \mu)^2 \cdot p_i$$

- Der Verschiebungssatz $\sigma^2 = \sum_{i=1}^{k} x_i^2 \cdot p_i - \mu^2$ erleichtert meist die Berechnung der Varianz.

Standardabweichung (Streuungsparameter):

- Die Standardabweichung ist die positive Wurzel aus der Varianz und gibt die Streuung der Werte um den Mittelwert an.
- Damit ist die Standardabweichung ebenfalls ein Maß für die Streuung, nur dass sie etwas langsamer ansteigt als die Varianz. Kennt man die Varianz, dann kann diese leicht in die Standardabweichung umgerechnet werden (und umgekehrt).

$$\sigma = \sqrt{V(X)} = \sqrt{\sigma^2}$$

Typische Aufgaben

- Erwartungswert und Standardabweichung berechnen und interpretieren.
- Wahrscheinlichkeit dafür berechnen, dass die Zufallsvariable Werte annimmt, die um vorgegebene Werte vom Erwartungswert abweichen.

Beispiel

Ein Lehrer möchte wissen, wie gut seine Schüler abschneiden und wie sehr die guten bzw. schlechten Schüler vom Schnitt abweichen. Folgende Tabelle zeigt die Notenverteilung:

x_i (Note)	1	2	3	4	5	6
p_i	0,1	0,15	0,5	0,2	0	0,05

Der Erwartungswert berechnet sich wie folgt:

$$\mu = 1 \cdot 0{,}1 + 2 \cdot 0{,}15 + 3 \cdot 0{,}5 + 4 \cdot 0{,}2 + 5 \cdot 0 + 6 \cdot 0{,}05 = 3$$

Interpretation: Der Notendurchschnitt der Klasse beträgt somit 3.

Die Standardabweichung berechnen wir über die Varianz:

$$\sigma^2 = (1-3)^2 \cdot 0{,}1 + (2-3)^2 \cdot 0{,}15 + (3-3)^2 \cdot 0{,}5 + (4-3)^2 \cdot 0{,}2$$
$$+ (5-3)^2 \cdot 0 + (6-3)^2 \cdot 0{,}05 = 1{,}2$$
$$\Rightarrow \quad \sigma = \sqrt{1{,}2} \approx 1{,}09$$

Die Streuung um den Notendurchschnitt ist gering. Ein Stabdiagramm würde das weiter verdeutlichen. Bei solchen Aufgaben müsst ihr oft mehrere Szenarien vergleichen und sagen, welches Szenario mehr streut.

21.7 Bernoulliverteilung

Ein Zufallsexperiment, bei dem man sich nur dafür interessiert, ob ein Ereignis A eintritt oder nicht, nennt man ein Bernoulli-Experiment. Es wird also nur *Erfolg* oder *nicht Erfolg* betrachtet. Die Bernoulli-Verteilung ist stets diskret!

> Dann heißt X bernoulliverteilt mit Parameter p. Man schreibt $X \sim B(1,p)$.

Es sei $p = P(A)$ die Eintritts- oder Erfolgswahrscheinlichkeit. Die Zufallsvariable X kann nun folgende Werte annehmen

$$X = \begin{cases} 1, \text{ falls } A \text{ eintritt} \\ 0, \text{ falls } A \text{ nicht eintritt} \end{cases}$$

und beschreibt die Anzahl der Erfolge bei $n = 1$ Versuchen.

Bemerkungen

Sei $X \sim B(1,p)$. Dann ist die Wahrscheinlichkeitsfunktion:

$$P(X = 1) = p \quad \text{und} \quad P(X = 0) = 1 - p \quad \text{als Gegenwahrscheinlichkeit}$$

Daraus ergeben sich folgende Lage- und Streuungsmaße:

1. Erwartungswert: $\mu = E(X) = p$
   - Erwartungswert ist hier die Eintrittswahrscheinlichkeit.
2. Varianz: $\sigma^2 = V(X) = p \cdot (1-p)$
3. Standardabweichung: $\sigma = \sqrt{p \cdot (1-p)}$
   - Zur Erinnerung: Die Standardabweichung misst, wie schwer es ist, diese Wahrscheinlichkeit zu schätzen.

Beispiele: Geburt (Mädchen/Junge), Münzwurf (Kopf/Zahl)

21.8 Binomialverteilung

Die Binomialverteilung ist eine der wichtigsten diskreten Wahrscheinlichkeitsverteilungen. Eine Binomialverteilung ist die *n*-malige Wiederholung eines Bernoulli-Experiments.

Dann heißt *X* binomialverteilt mit Parametern *n* und *p*. Man schreibt $X \sim B(n,p)$.

Übersicht

- Es ist für die Matura sehr wichtig, dass du selbstständig entscheiden kannst, ob für eine Aufgabe die Binomialverteilung verwendet werden darf oder nicht. Deshalb musst du dir unbedingt folgende zwei Merkmale der Binomialverteilung einprägen:

    - Das Experiment darf immer nur 2 alternative Ausgänge haben: Erfolg oder Nicht-Erfolg.
    - Die Wahrscheinlichkeit muss bei allen Wiederholungen gleich sein.

- Die einzelnen Wiederholungen sind stochastisch unabhängig.

- Die Erfolgswahrscheinlichkeit ist bei allen Wiederholungen *p*:

$$\text{genau } k \text{ Treffer: } P(X = k) = \binom{n}{k} \cdot p^k \cdot (1-p)^{n-k}$$

- Was ist eigentlich das *n*, *p* und *k*?

    - *n*: Anzahl Ziehungen
    - *p*: Wahrscheinlichkeit
    - *k*: Anzahl Treffer

- Berechnung für genau *k* Treffer mit GTR/CAS: `binompdf(n,p,k)`

- Berechnung für höchstens *k* Treffer mit GTR/CAS: `binomcdf(n,p,k)`

- Den Binomialkoeffizienten $\binom{n}{k}$ ermittelt man

    - mit der `nCr`-Taste des Taschenrechners
    - mit der Formel $\frac{n!}{k! \cdot (n-k)!}$

- Die Summe der Wahrscheinlichkeiten muss wieder 1 ergeben.

- Wichtig: Immer anwendbar beim „Ziehen mit Zurücklegen". Bei Ziehen ohne Zurücklegen nicht (in diesem Fall ist die Pfadregel hilfreich).

Daraus ergeben sich folgende Lage- und Streuungsmaße:

1. Erwartungswert: $\mu = E(X) = n \cdot p$
2. Varianz: $\sigma^2 = V(X) = n \cdot p \cdot (1-p)$
3. Standardabweichung: $\sigma = \sqrt{\sigma^2} = \sqrt{n \cdot p \cdot (1-p)}$

Beispiel

Eine Urne enthält 6 schwarze und 4 rote Kugeln. Es werden 5 Kugeln mit Zurücklegen gezogen.

Grundlegend muss man herausfinden, um welche Verteilung es sich handelt. In der Aufgabenstellung steht, dass die Kugeln „mit Zurücklegen" gezogen werden und daraus folgt, dass es sich um die Binomialverteilung handeln muss.

$$X \sim B(n,p)$$

Jetzt müssen die Parameter n und p identifiziert werden, die zur Berechnung von Wahrscheinlichkeiten für die Binomialverteilung benötigt werden.

- „es wird fünf mal gezogen": daraus folgt $n = 5$.
- p: Laplace Wahrscheinlichkeit, also der Quotient aus den günstigen Ereignissen und den möglichen Ereignissen. Daraus folgt: $p = 4/10 = 0{,}4$.

Wir fassen zusammen:

- Für rote Kugeln gilt $X \sim B(5; 0{,}4)$.
- für schwarze Kugeln gilt $X \sim B(5; 0{,}6)$.

Es werden die nachstehenden Aufgaben bearbeitet.

1. Berechne den Erwartungswert der roten Kugeln: $\mu = n \cdot p = 5 \cdot 0{,}4 = 2$

2. Berechne die Varianz der roten Kugeln:

$$\sigma^2 = n \cdot p \cdot (1-p) = 5 \cdot 0{,}4 \cdot (1 - 0{,}4) = 1{,}2$$

3. Wie groß ist die Wahrscheinlichkeit genau drei rote Kugeln zu ziehen?

   Hier gilt also $X \sim B(5; 0{,}4)$ mit $k = 3$:

$$P(X = 3) = \binom{5}{3} \cdot 0{,}4^3 \cdot (1 - 0{,}4)^{5-3} = 0{,}2304$$

   oder mit TR und dem Befehl `binompdf(5; 0,4; 3)`. Die Wahrscheinlichkeit für genau drei rote Kugeln beträgt 23,04 %.

4. Wie groß ist die Wahrscheinlichkeit höchstens zwei rote Kugeln zu ziehen?

   Hier gilt also $X \sim B(5; 0{,}4)$ mit $k \leq 2$:

$$P(X \leq 2) = P(X = 0) + P(X = 1) + P(X = 2)$$

$$= \binom{5}{0} \cdot 0{,}4^0 \cdot (1 - 0{,}4)^{5-0} + \binom{5}{1} \cdot 0{,}4^1 \cdot (1 - 0{,}4)^{5-1}$$

$$+ \binom{5}{2} \cdot 0{,}4^2 \cdot (1 - 0{,}4)^{5-2} = 0{,}68256 \approx 68{,}26\%$$

   oder mit TR und dem Befehl `binomcdf(5; 0,4; 2)`.

21.8 Binomialverteilung

5. Wie groß ist die Wahrscheinlichkeit mindestens zwei schwarze Kugel zu ziehen?

Hier gilt also $X \sim B(5; 0,6)$ mit $k \geq 2$. Für die Lösung gibt es zwei Möglichkeiten, wobei die zweite Alternative (II) sehr viel Zeit spart und aus diesem Grund auch gewählt werden sollte!

$$(I) \quad P(X \geq 2) = P(X = 2) + P(X = 3) + P(X = 4) + P(X = 5)$$
$$(II) \quad P(X \geq 2) = 1 - ((P(X = 0) + P(X = 1))$$

Nach Einsetzen der gegebenen Werte ergibt sich die Wahrscheinlichkeit mindestens zwei schwarze Kugeln zu ziehen: $P(X \geq 2) = 0{,}91296$.

21.8.1 Typische Binomialrechnungen

Eine Stichprobe besteht aus $n = 100$ Schrauben und die Wahrscheinlichkeit einer defekten Schraube liegt bei $p = 0{,}1$.

1. Gesucht sei die Wahrscheinlichkeit, dass genau 12 Schrauben defekt sind:

$$P(X = 12) = \binom{100}{12} \cdot 0{,}1^{12} \cdot 0{,}9^{100-12}$$

2. Gesucht sei die Wahrscheinlichkeit, dass höchstens 12 Schrauben defekt sind:

Also alle Wahrscheinlichkeiten von 0 bis 12 aufsummieren:

$$P(X \leq 12) = P(X = 0) + P(X = 1) + \cdots + P(X = 12)$$

3. Gesucht sei die Wahrscheinlichkeit, dass mindestens 12 Schrauben defekt sind:

Also alle Wahrscheinlichkeiten von 12 bis 100 aufsummieren oder mit der Gegenwahrscheinlichkeit rechnen:

$$P(X \geq 12) = \underbrace{1}_{\text{Alles}} - \underbrace{P(X \leq 11)}_{0-11}$$

4. Gesucht sei die Wahrscheinlichkeit für <u>mehr</u> als 4, aber <u>weniger</u> als 15 defekte Schrauben:

Also alle Wahrscheinlichkeiten zwischen 5 und 14 aufsummieren oder clever mit Gegenwahrscheinlichkeiten:

$$P(5 \leq X \leq 14) = \underbrace{P(X \leq 14)}_{\text{Alles bis 14}} - \underbrace{P(X \leq 4)}_{\text{Alles bis 4}}$$

21.8.2 Übersicht typischer Fragestellungen

$$\begin{aligned}
\text{genau } k \text{ Treffer}: P(X = k) &= \binom{n}{k} \cdot p^k \cdot (1-p)^{n-k} \\
\text{höchstens } k \text{ Treffer}: P(X \leq k) & \\
\text{weniger als } k \text{ Treffer}: P(X < k) &= P(x \leq k-1) \\
\text{mindestens } k \text{ Treffer}: P(X \geq k) &= 1 - P(x \leq k-1) \\
\text{mehr als } k \text{ Treffer}: P(X > k) &= 1 - P(x \leq k) \\
\text{mind. } k, \text{ aber höchst. } h \text{ Treffer}: P(k \leq X \leq h) &= P(X \leq h) - P(X \leq k-1)
\end{aligned}$$

21.8.3 Aufgabentyp: Anzahl Ziehungen ermitteln

n gesucht

p gesucht

mind. 2 Treffer

Oft wird auch nach der Anzahl der Ziehungen/Wiederholungen n gefragt. Dabei gibt es einige Dinge zu beachten. Machen wir uns das Ganze anhand eines Beispiels klar:

Wie viele Bälle müsste man mindestens kontrollieren, um mit einer Wahrscheinlichkeit von mindestens 95% wenigstens einen fehlerhaften Ball zu finden? X sei binomialverteilt mit $p = 0{,}1$. Gesucht ist demnach n. Es gilt:

$$\begin{array}{rrcll}
& P(X \geq 1) & \geq & 0{,}95 & \\
\Leftrightarrow & 1 - P(X = 0) & \geq & 0{,}95 & \mid + P(X = 0) \mid - 0{,}95 \\
\Leftrightarrow & 0{,}05 & \geq & P(X = 0) & \\
\Leftrightarrow & P(X = 0) & \leq & 0{,}05 & \mid \text{Formel einsetzen} \\
\Leftrightarrow & \binom{n}{0} \cdot 0{,}1^0 \cdot 0{,}9^n & \leq & 0{,}05 & \mid \text{bel. Zahl hoch 0 ist immer 1} \\
\Leftrightarrow & 0{,}9^n & \leq & 0{,}05 & \mid \text{beide Seiten logarithmieren} \\
\Leftrightarrow & \ln(0{,}9^n) & \leq & \ln(0{,}05) & \mid \text{Logarithmengesetze} \\
\Leftrightarrow & n \cdot \ln(0{,}9) & \leq & \ln(0{,}05) & \mid \ln(0{,}9) \text{ negativ, daher Vorzeichenumkehr} \\
\Leftrightarrow & n & \geq & \frac{\ln(0{,}05)}{\ln(0{,}9)} \approx 28{,}43 & \\
\end{array}$$

Es müssten somit mindestens 29 Bälle kontrolliert werden, um wenigstens einen fehlerhaften Ball zu finden.

Beachtet: Bei mal oder durch (-1) dreht sich das größer oder kleiner Zeichen. Wenn wir durch den ln teilen, müsst ihr aufpassen ob der ln eventuell negativ ist, dann dreht sich das Zeichen wieder.

21.8.4 σ-Regeln

Bei der Binomialverteilung konzentrieren sich die Werte um den Erwartungswert μ. Deshalb untersucht man häufig symmetrische Umgebungen um den Erwartungswert. Den Radius dieser Umgebungen gibt man meist als Vielfaches der Standardabweichung σ an. So ist z.B. die 2σ-Umgebung des Erwartungswerts das Intervall $[\mu - 2\sigma; \mu + 2\sigma]$.

Beispiel Sei $X \sim B(50; 0{,}3)$. Bestimme die 2σ-Umgebung und die Wahrscheinlichkeit dafür, dass X in dieser Umgebung liegt.

Mit dem Erwartungswert $\mu = 50 \cdot 0{,}3 = 15$ und der Standardabweichung $\sigma = \sqrt{50 \cdot 0{,}3 \cdot 0{,}7} = 3{,}24$ ergibt sich das Intervall

$$[15 - 2 \cdot 3{,}24; 15 + 2 \cdot 3{,}24] = [8{,}52; 21{,}48]$$

und die Werte liegen (da diskrete Verteilung, also nur ganze Zahlen) zwischen 9 und 21. Die Wahrscheinlichkeit lautet dann

$$P(9 \leq X \leq 21) = P(X \leq 21) - P(X \leq 8) = \sum_{k=9}^{21} \binom{50}{k} 0{,}3^k \cdot 0{,}7^{50-k} = 0{,}9566.$$

Wir sehen, dass die Berechnung der obigen Wahrscheinlichkeit sehr umständlich ist. Aus diesem Grund wurden für die am häufigsten verwendeten σ-Umgebungen sogenannte σ-Regeln eingeführt, die die zugehörigen Wahrscheinlichkeiten näherungsweise bestimmen. Für eine binomialverteilte Zufallsvariable $X \sim B(n,p)$ werden in der σ-Umgebung gute Werte erzielt, falls die **Laplace-Bedingung** $\sigma > 3$ erfüllt ist.

> Wahrscheinlichkeit in σ-Umgebung, falls $\sigma > 3$:
>
> $P(\mu - \sigma \quad \leq X \leq \mu + \sigma) \quad \approx 0{,}68$
>
> $P(\mu - 1{,}64\sigma \leq X \leq \mu + 1{,}64\sigma) \approx 0{,}90$
>
> $P(\mu - 1{,}96\sigma \leq X \leq \mu + 1{,}96\sigma) \approx 0{,}95$
>
> $P(\mu - 2\sigma \quad \leq X \leq \mu + 2\sigma) \quad \approx 0{,}955$
>
> $P(\mu - 2{,}58\sigma \leq X \leq \mu + 2{,}58\sigma) \approx 0{,}99$
>
> $P(\mu - 3\sigma \quad \leq X \leq \mu + 3\sigma) \quad \approx 0{,}997$

Woher diese Werte wie 0,68 oder 0,997 kommen, sehen wir bei der Dichtefunktion der Normalverteilung.

Notizen

22 Spezielle stetige Verteilungen

22.1 Stetige Zufallsvariablen

Diskrete Zufallsvariablen sind dadurch gekennzeichnet, dass man die Anzahl ihrer Ausprägungen abzählen kann. Das Zufallsverhalten einer diskreten Zufallsvariablen X mit k Ausprägungen x_i mit $i = 1, 2, \ldots, k$ und den Eintrittswahrscheinlichkeiten $p_i = P(X = x_i)$ lässt sich vollständig durch die Wahrscheinlichkeitsfunktion $f(x)$ oder die Verteilungsfunktion $F(x)$ charakterisieren.

Bei stetigen Zufallsvariablen ist die Trägermenge, also die Menge der möglichen Realisationen, ein Intervall. Das Verhalten einer stetigen Zufallsvariablen X lässt sich wie im diskreten Fall durch die Verteilungsfunktion

$$F(x) = P(X \leq x) \tag{22.1}$$

vollständig charakterisieren.

> Eine Zufallsvariable X heißt stetig, wenn sich ihre Verteilungsfunktion als Integral einer Funktion $f(x) : \mathbb{R} \to [0,1)$ schreiben lässt:
>
> $$F(x) = P(X \leq x) = \int_{-\infty}^{x} f(t)\,dt, \quad \forall x \in \mathbb{R}$$

- Wer sich nun wundert, warum wir auf einmal $f(t)$ statt $f(x)$ schreiben: Weil wir das x schon für die Verteilungsfunktion F verwenden, müssen wir uns bei der Dichte kurzfristig einen neuen Buchstaben überlegen.

- Die Funktion $f(t)$ heißt Dichtefunktion und vermittelt einen visuellen Eindruck der Verteilung.

- Merke: $f(t) \neq P(X = x)$ und $F(x) = P(X \leq x)$

- Dichten sind keine Wahrscheinlichkeiten, aber vielmehr gibt die Fläche unter der Dichtefunktion die Wahrscheinlichkeit an: Integralrechnung!

- Eine Zufallsvariable X wird als stetig bezeichnet, wenn sie überabzählbar unendlich viele Werte annimmt.

- Der Wertebereich ist meistens ein Intervall aller reellen Zahlen oder die Menge aller reellen Zahlen selbst.

- Bei einer stetigen Zufallsvariablen ist $P(X = x) = 0$, da es als unmöglich angesehen wird, genau einen bestimmten Wert x zu „treffen". Man betrachtet bei einer stetigen Zufallsvariablen nur Wahrscheinlichkeiten der Art $P(X \leq x)$, welche durch die Verteilungsfunktion charakterisiert wird, siehe Gl. (22.1).

- Die Dichtefunktion f und die Verteilungsfunktion F enthalten die gleiche Information. Der Unterschied besteht lediglich in der Darstellung dieser Information.

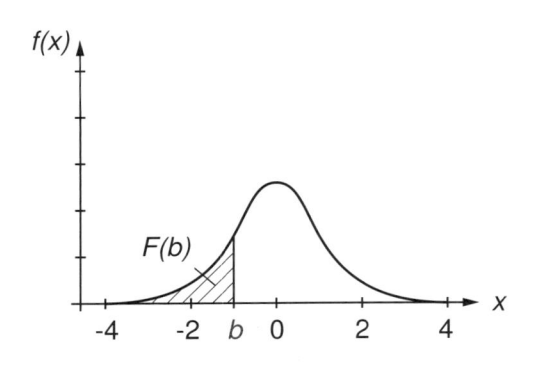

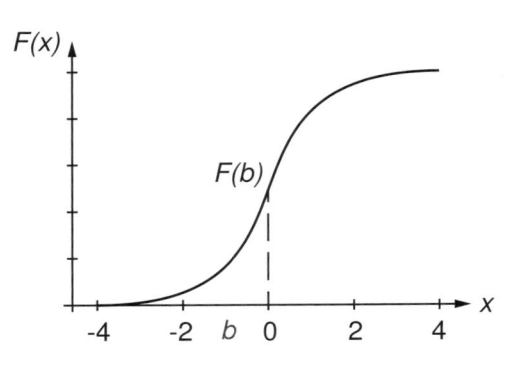

Es gelten folgende Eigenschaften für die Dichtefunktion:

- Nichtnegativität: $f(x) > 0 \; \forall x \in \mathbb{R}$

- Normiertheit: $\int_{-\infty}^{\infty} f(x) \, dx = 1$, das entspricht der Fläche unter der Funktion!

Merke:

- Es wird immer ein Intervall betrachtet.

- Die Wahrscheinlichkeit für exakt einen Wert ist immer gleich Null!

Beispiel

Carlo fragt Markus, wie hoch die Wahrscheinlichkeit sei, dass es heute 32 Grad werden. Markus hat den StudyHelpKurs Stochastik bereits im letzten Jahr gehört und sagt: „0". Carlo fragt nach einer Begründung. Als erstes antwortet Markus, dass es sich um eine stetige ZV handelt und führt dann folgende Rechnung aus. Er denkt sich als Funktion $f(x) = 1/10$ aus, weil der Wetterbericht Höchstwerte zwischen 25 und 30 Grad angesagt hat.

1. $P = (32 \leq X \leq 32)$ für $P(X = 32)$
2. Es gilt: $\int_{-\infty}^{\infty} f(x) \, dx = \int_{32}^{32} \frac{1}{10} \, dx = \left[\frac{1}{10} \cdot 32 - \frac{1}{10} \cdot 32\right] = 0$

22.2 Verteilungsparameter stetiger Zufallsvariablen

Verteilungsparameter sind Größen, die bestimmte Aspekte einer Verteilung charakterisieren, wie zum Beispiel Lage, Streuung oder Schiefe einer Verteilung. Wichtige Parameter sind:

Erwartungswert (Lageparameter):

- Der Erwartungswert ist der Schwerpunkt der Verteilung und beschreibt die Zahl, die die Zufallsvariable im Mittel annimmt.

- Ist die Zufallsvariable X stetig, so ist die Verteilung durch die Dichte $f(x)$ bestimmt. Die Randwerte von $-\infty$ bis ∞ bedeuten, dass über den gesamten definierten Bereich integriert wird.

- Der Erwartungswert wird auch oft als μ bezeichnet.

$$\mu = E(X) = \int_{-\infty}^{\infty} x \cdot f(x)\, dx$$

Varianz (Streuungsparameter)

- Varianz beschreibt die Streuung einer ZV.

- Die Varianz von der stetigen ZV X ist der Erwartungswert der quadrierten Abweichung von ihrem Erwartungswert:

$$\sigma^2 = V(X) = \int_{-\infty}^{\infty} (x_j - \mu)^2 \cdot f(x)\, dx$$

- Der Verschiebungssatz $\sigma^2 = \int_{-\infty}^{\infty} x^2 f(x)\, dx - \mu^2$ erleichtert meist die Berechnung der Varianz.

Standardabweichung (Streuungsparameter)

- Die Standardabweichung ist die positive Wurzel aus der Varianz und gibt die Streuung der Werte um den Mittelwert an.

- Damit ist die Standardabweichung ebenfalls ein Maß für die Streuung, nur dass sie etwas langsamer ansteigt als die Varianz. Kennt man die Varianz, dann kann diese leicht in die Standardabweichung umgerechnet werden (und umgekehrt).

$$\sigma = \sqrt{V(X)} = \sqrt{\sigma^2}$$

Beispiel

An einem Uni-Tag, falls dieser Tag nicht Freitag ist, geht Daniel zwischen 10:00 Uhr und 10:36 Uhr zur Bushaltestelle. Seine dortige Wartezeit auf den Bus beträgt zwischen 0 und 12 Minuten. Es sei zudem die Dichtefunktion der Wartezeit bekannt mit $f(x) = 1/12$ für $x \in [0,12]$ und 0 sonst.

1. Berechne Erwartungswert, Varianz und Standardabweichung.

Hierbei handelt sich um eine stetige Zufallsvariable, da die Wartezeit immer weiter unterteilt werden kann (Minuten, Sekunden, Millisekunden). Aus diesem Grund sind die Formeln der stetigen Zufallsvariablen zu wählen.

$$\mu = E(X) = \int_0^{12} x \cdot f(x)\,dx = \int_0^{12} \frac{1}{12} x\,dx = \left[\frac{1}{24} x^2\right]_0^{12} = \frac{1}{24} \cdot 12^2 - \frac{1}{24} \cdot 0^2 = 6$$

Die erwartete Wartezeit beträgt 6 Minuten.

$$\sigma^2 = V(X) = \int_0^{12} x^2 \cdot f(x)\,dx - \mu^2 = \int_0^{12} \frac{1}{12} x^2\,dx - 6^2$$
$$= \left[\frac{1}{36} x^3\right]_0^{12} = \left(\frac{1}{36} \cdot 12^3 - \frac{1}{36} \cdot 0^3\right) - 36 = 12$$

2. Wie groß ist die Wahrscheinlichkeit, dass er zwischen 5 Minuten und 8 Minuten warten muss?

$$P(X \leq x) = \int_5^8 f(x)\,dx = \int_5^8 \frac{1}{12}\,dx = \left[\frac{1}{12} x\right]_5^8 = \frac{1}{12} \cdot 8 - \frac{1}{12} \cdot 5 = 0{,}25$$

Die Wahrscheinlichkeit, dass er zwischen 5 Minuten und 8 Minuten warten muss, beträgt 25%.

22.3 Normalverteilung

Die Normal- oder Gauß-Verteilung (oder Glockenkurve) ist die wichtigste stetige Verteilung.

X heißt normalverteilt oder Gauß-verteilt mit den Parametern $\mu \in \mathbb{R}$ und $\sigma^2 > 0$, kurz $X \sim N(\mu, \sigma^2)$, wenn X folgende Dichte hat

$$f(x) = \frac{1}{\sigma \cdot \sqrt{2\pi}} \cdot e^{-\frac{1}{2} \cdot \left(\frac{x-\mu}{\sigma}\right)^2}, \forall x \in \mathbb{R}$$

Schauen wir uns kurz die Formel genau an.

- $\frac{1}{\sigma \cdot \sqrt{2\pi}}$: Der Vorfaktor normiert alle Funktionswerte, so dass diese zwischen 0 und 1 liegen.

- $e^{-\frac{1}{2} \cdot \left(\frac{x-\mu}{\sigma}\right)^2}$: Dieser Faktor gibt die Häufigkeit von x an.

Verteilungsparameter:

- Erwartungswert: $E(x) = \mu$, beschreibt x mit der größten Häufigkeit (Hochpunkt der Glocke)

- Varianz: $V(x) = \sigma^2$

- Standardabweichung: σ, gibt Breite der Kurve an

22.3 Normalverteilung

22.3.1 Standardisieren von normalverteilten Zufallsvariablen

Die Verteilungsfunktion der Normalverteilung kann man nicht mit einer Formel im Taschenrechner berechnen. Das Integral über der Dichtefunktion lässt sich nämlich nicht mit Stift und Papier lösen:

$$F(x) = \frac{1}{\sigma \cdot \sqrt{2\pi}} \int_{-\infty}^{x} e^{-\frac{1}{2} \cdot (\frac{t-\mu}{\sigma})^2} \, dt, \; \forall x \in \mathbb{R}$$

Wir nehmen dafür eine Verteilungstabelle mit der man Werte $F(x)$ der Verteilungsfunktion jeder beliebigen Normalverteilung bestimmen kann. Allerdings gibt es unendlich viele Normalverteilungen, sodass wir ausschließlich eine Tabelle für Standardnormalverteilungen $X \sim N(0, 1)$ mit $\mu = 0$ und $\sigma^2 = 1$ verwenden. Wir müssen also die normalverteilten Zufallsvariablen standardisieren und dann deren Wert anhand der Verteilungstabelle bestimmen! Es gilt:

$$P(X \leq x) = P(Z \leq \frac{x - \mu}{\sigma}) = \Phi(\frac{x - \mu}{\sigma}) = \Phi(z)$$

mit der standardisierten Zufallsvariable $Z = \frac{X-\mu}{\sigma}$. Die Standardnormalverteilung wird dabei statt $F(x)$ mit $\Phi(z)$ notiert, um Verwechslungen mit der unstandardisierten Verteilungsfunktion zu vermeiden.

Beispiel Angenommen, wir haben eine Zufallsvariable $X \sim N(4, 1)$ und möchten ihre Verteilungsfunktion an der Stelle $x = 3$ wissen. Wir suchen also die Wahrscheinlichkeit, dass diese Zufallsvariable einen Wert kleiner oder gleich 3 erhält. Man muss sich jetzt klar darüber werden, dass das genau dasselbe ist, wie wenn ich für eine Zufallsvariable $Z \sim N(0, 1)$ die Verteilungsfunktion an der Stelle $x = -1$ suche. Warum? Weil wir die Normalverteilung um $\mu = 4$ in den Ursprung verschieben und die Standardnormalverteilung erhalten: $Z = (3 - 4)/1 = -1$.

Rechnen mit Normalverteilung

22.3.2 Wie lese ich Φ-Werte ab?

Um die Werte von Φ (ausgesprochen: Phi) abzulesen, verwenden wir die Tabelle der Standardnormalverteilung, die ihr in euren Formelheftern findet. In der folgenden Abbildung seht ihr einen Ausschnitt einer solchen Tabelle und Beispiele, wie man mit der Tabelle umgehen muss. Das Ablesen sollte euch keine Probleme machen!

Φ ablesen

Ausschnitt der Standard-Normalverteilungs-Tabelle

Allg.: $\Phi(z) = 0, \ldots \quad \Phi(-z) = 1 - \Phi(z)$

Hinweis:
auf 2 Nachkommastellen runden

Beispiele:

$\Phi(0{,}32) = 0{,}6255 \approx 62{,}55\%$

$\Phi(-1{,}40) = 1 - \Phi(1{,}40)$
$= 1 - 0{,}9192 \approx 8{,}1\%$

z	0	1	2	3	4
0,0	5000	5040	5080	5120	5160
0,1	5398	5438	5478	5517	5557
0,2	5793	5832	5871	5910	5948
0,3	6179	6217	6255	6293	6331
0,4	6554	6591	6628	6664	6700
0,5	6915	6950	6985	7019	7054
0,6	7257	7291	7324	7357	7389
0,7	7580	7611	7642	7673	7704
0,8	7881	7910	7939	7967	7995
0,9	8159	8186	8212	8238	8264
1,0	8413	8438	8461	8485	8508
1,1	8643	8665	8686	8708	8729
1,2	8849	8869	8888	8907	8925
1,3	9032	9049	9066	9082	9099
1,4	9192	9207	9222	9236	9251

22.3.3 Wahrscheinlichkeiten für Intervalle

Es sei $X \sim N(\mu, \sigma^2)$ und $a, b \in \mathbb{R}$, $a \leq b$, dann gilt:

$$P(a \leq X \leq b) = \Phi\left(\frac{b-\mu}{\sigma}\right) - \Phi\left(\frac{a-\mu}{\sigma}\right)$$

$$P(X \leq b) = \Phi\left(\frac{b-\mu}{\sigma}\right)$$

$$P(X > a) = 1 - \Phi\left(\frac{a-\mu}{\sigma}\right)$$

Wichtig: Wegen Symmetrie der Dichtefunktion gilt $\Phi(-z) = 1 - \Phi(z)$. Falls also in der Klammer von Φ eine negative Zahl rauskommt, könnt ihr diese so umschreiben.

Es folgt eine Skizze einer Normalverteilungsdichte mit $\mu = 0$ und $\sigma^2 = 1$. Sie hat ihr Maximum an der Stelle μ und fällt im Bereich von ungefähr $\pm 3\pi$. Außerhalb eines Abstandes von 3π ist die Dichte nahe bei Null.

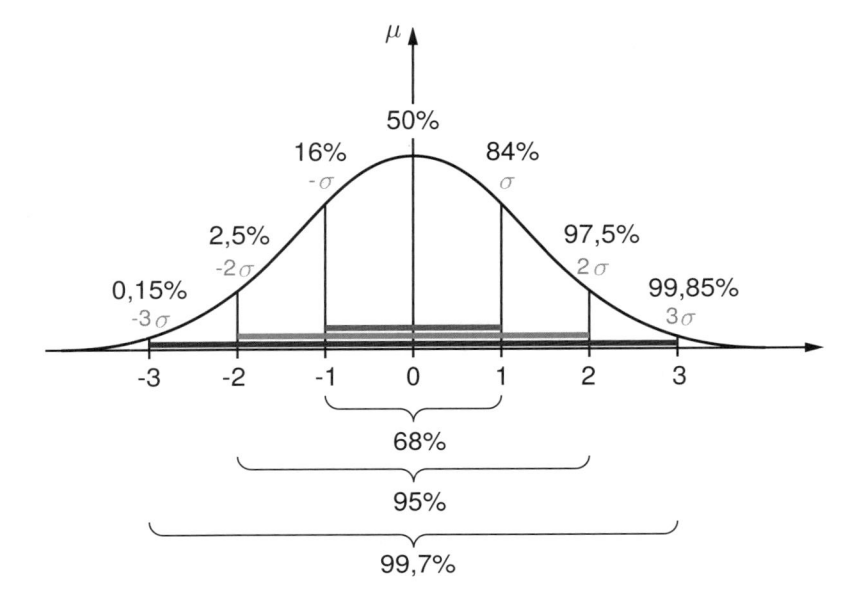

Symmetrisch um Erwartungswert

Beispiele

1. Die Punktevergabe einer Prüfung ist normalverteilt mit $\mu = 81{,}07$ und $\sigma = 3$. Die Schülerin Chantalle hat 85 Punkte erreicht. Wie viel Prozent ihrer Mitschüler waren schlechter als sie?

Aus dem Aufgabentext geht hervor, dass es sich um eine normalverteilte Zufallsvariable handelt mit $X \sim N(81{,}07; 9)$. Um die Wahrscheinlichkeit zu bestimmen, standardisieren wir die Zufallsvariable und erhalten für $Z = \frac{85-81{,}07}{3} = 1{,}31$. Es folgt:

$$P(X \leq 85) = P(Z \leq 1{,}31) = \Phi(Z) = \Phi(1{,}31) = 90{,}49$$

Ein Blick in die Tabelle der Standardnormalverteilung verrät uns, dass 90,49% der der Mitschüler schlechter als Chantalle waren.

22.3 Normalverteilung

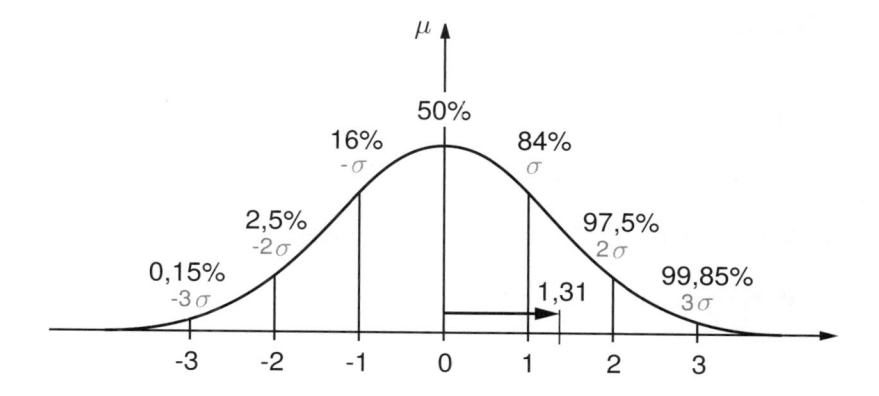

[Normalverteilungskurve mit Prozentwerten: 0,15% bei -3σ, 2,5% bei -2σ, 16% bei -σ, 50% bei 0, 84% bei σ, 97,5% bei 2σ, 99,85% bei 3σ; Markierung bei 1,31]

2. Bestimme die Werte für folgende Normalverteilungen.

i) $X \sim N(-1; 4)$ und $P(X \leq 0)$:

$$P(X \leq 0) = P\left(Z \leq \frac{0-(-1)}{2}\right) = P(Z \leq 0{,}5) = \Phi(0{,}5) = 0{,}6915$$

ii) $X \sim N(0; 5)$ und $P(X > 2)$:

$$P(X > 2) = 1 - P(X \leq 2) = 1 - P\left(Z \leq \frac{2-0}{\sqrt{5}}\right) = 1 - \Phi(0{,}89) = 0{,}1867$$

iii) $X \sim N(150; 100)$ und $P(160 < X \leq 170)$:

$$P(X \leq 170) - P(X \leq 160) = P\left(Z \leq \frac{170-150}{10}\right) - P\left(Z \leq \frac{160-150}{10}\right)$$
$$= \Phi(2) - \Phi(1) = 0{,}977 - 0{,}841 = 0{,}136$$

22.3.4 Quantile bestimmen

Quantile oder genauer gesagt α-Quantile sind Werte, die eine Menge an Daten in zwei Teile spalten. Ein Anteil dieser Daten ist mindestens α kleiner oder gleich dem α-Quantil und mindestens ein Anteil ist $1 - \alpha$ größer oder gleich dem α-Quantil. Ein 0,3-Quantil ist dasselbe wie ein 30%-Quantil und bedeutet, dass die Daten in die niedrigen 30% und die hohen 70% aufgeteilt werden. Übrigens: Der Median ist nichts anderes als das 50%-Quantil.

Das α-Quantil einer Normalverteilung bestimmt man genau umgekehrt wie den Wert der Verteilungsfunktion. Wir schlagen zuerst das α-Quantil der Standardnormalverteilung in der Verteilungstabelle nach. Nennen wir es z_α. Anschließend transformieren wir es in das Quantil q_α der tatsächlichen Normalverteilung, indem wir es erst mit σ multiplizieren und dann noch μ addieren. Es gilt:

$$q_\alpha = \mu + \sigma \cdot z_\alpha$$

Beispiele Bestimme das

i) 50%-Quantil $q_{0,5}$ und es sei $X \sim N(-1; 4)$:

$$q_{0,5} = \mu + \sigma \cdot z_{0,5} = -1 + \sqrt{4} \cdot 0 = -1$$

Merke: Das 50%-Quantil jeder Normalverteilung ist immer μ.

ii) 97,5%-Quantil $q_{0,975}$ und es sei $X \sim N(0; 5)$:

$$q_{0,975} = \mu + \sigma \cdot z_{0,975} = 0 + \sqrt{5} \cdot 1{,}96 = 4{,}382$$

iii) 10%-Quantil $q_{0,1}$ und es sei $X \sim N(150; 100)$:

$$q_{0,1} = \mu + \sigma \cdot \underbrace{z_{0,1}}_{=-z_{0,9}} = 150 + \sqrt{100} \cdot (-1{,}28) = 137{,}2$$

Approximation der Binomialverteilung durch die Normalverteilung

Bei der praktischen Anwendung der Binomialverteilung kann es vorkommen, das sehr große Werte von n, z.B. $n = 10.000$ auftreten, wodurch das Berechnen der Wahrscheinlichkeiten sehr zeitaufwendig wird. Wir haben dann die Möglichkeit, die Binomialverteilung durch die Normalverteilung anzunähern (approximieren).

> Die Annäherung geht aber nur, wenn eine der beiden folgenden **Bedingungen** erfüllt ist:
>
> - Laplace-Bedingung $\sigma = \sqrt{n \cdot p \cdot (1-p)} > 3$ oder
> - $n \cdot p > 4$ und $n \cdot (1-p) > 4$

Die nachfolgende Übersicht zeigt die Annäherung der Normalverteilung an die Binomialverteilung. Wenn die Bedingungen erfüllt sind, kann man mit den Näherungswerten gut arbeiten.

Binomialverteilung
gegeben: n, p
$\longrightarrow \mu = n \cdot p$
$\longrightarrow \sigma = \sqrt{n \cdot p \cdot (1-p)}$

Normalverteilung

$$f(x) = \frac{1}{\sigma \cdot \sqrt{2\pi}} \cdot e^{-\frac{1}{2} \cdot \left(\frac{x-\mu}{\sigma}\right)^2}$$

Bedingungen:
1) $\sigma > 3$
2) $n \cdot p > 4$ und $n \cdot (1-p) > 4$

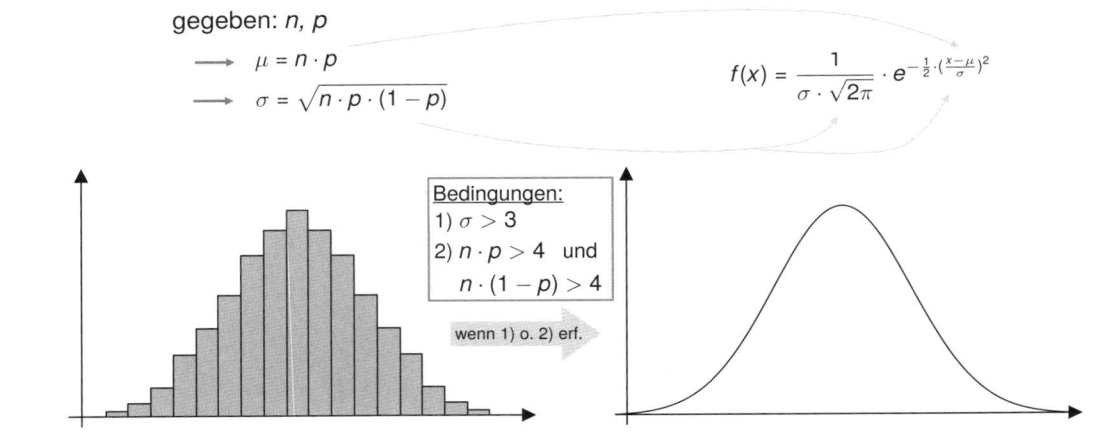

wenn 1) o. 2) erf.

Warum hilft uns das überhaupt? Bei der Binomialverteilung können nur ganze Zahlen über Null eingesetzt werden. Durch die Ersetzung durch die Normalverteilung können für x nun alle Werte,

22.3 Normalverteilung

egal ob Komma-Zahlen oder negative Zahlen eingesetzt werden. Wenn eine der beiden Bedingungen erfüllt ist, gilt:

$$P(X \leq x) = \Phi\left(\frac{x - np}{\sqrt{np(1-p)}}\right) = \Phi\left(\frac{x - \mu}{\sigma}\right)$$

Bei der Approximation einer diskreten Verteilungsfunktion durch eine stetige, muss noch eine Stetigkeitskorrektur vorgenommen werden. Man erhält:

$$P(X \leq x) \approx \Phi\left(\frac{x + 0{,}5 - np}{\sqrt{np(1-p)}}\right)$$

$$P(X \geq x) \approx 1 - \Phi\left(\frac{x - 0{,}5 - np}{\sqrt{np(1-p)}}\right)$$

$$P(a < X \leq b) \approx \Phi\left(\frac{b + 0{,}5 - np}{\sqrt{np(1-p)}}\right) - \Phi\left(\frac{a - 0{,}5 - np}{\sqrt{np(1-p)}}\right)$$

Merke: Es wird hier eine diskrete Verteilung durch eine stetige Verteilung approximiert, deswegen muss eine Stetigkeitskorrektur durchgeführt werden, die je nach Aufgabenstellung $\pm 0{,}5$ beträgt.

Beispiel

Ein Drittel aller Ehepaare sind im Mittel kinderlos. X sei die Anzahl der kinderlosen Paare unter 120 zufällig ausgewählten. Grundlegend handelt es sich hierbei um eine Binomialverteilung mit den Parametern $n = 120$ und $p = 1/3$. Mit welcher Wahrscheinlichkeit befinden sich darunter

1. nicht mehr als 48 kinderlose Paare?

    Aus der Fragestellung geht hervor, dass die Berechnung der Einzeltreffer sehr lange dauern würde. Zudem sollte erkannt werden, dass die Laplace-Bedingung mit $\sigma \approx 5{,}16 > 3$ erfüllt ist. Dadurch ist eine Approximation von der Binomialverteilung durch die Normalverteilung möglich.

    $$X \sim B(n, p) \approx N(\mu, \sigma^2)$$

    Zur Berechnung der Normalverteilung ist es allerdings notwendig die Parameter μ und σ^2 zu kennen.

    - Erwartungswert: $\mu = E(X) = n \cdot p = 120 \cdot 1/3 = 40$
    - Varianz: $\sigma^2 = V(X) = n \cdot p \cdot (1 - p) = 120 \cdot 1/3 \cdot (1 - 1/3) = 26{,}67$

    Dann folgt:

    $$P(X \leq 48) \approx \Phi\left(\frac{48 + 0{,}5 - 40}{\sqrt{26{,}67}}\right) = \Phi(1{,}65) = 0{,}9505$$

    Die Wahrscheinlichkeit beträgt ungefähr 95,05%.

2. mehr als 30 aber höchstens 50 kinderlose Ehepaare?

    In dieser Aufgabenstellung wird ersichtlich, dass es sich um ein Intervall handelt. Wie wir schon festgestellt haben, können wir die Binomialverteilung durch die Normalverteilung approximieren:

    $$X \sim B(n, p) \approx N(\mu, \sigma^2)$$

Den Erwartungswert und die Varianz haben wir bereits ermittelt. Dann folgt:

$$P(30 < X \leq 50) \approx \Phi\left(\frac{50 + 0{,}5 - 40}{\sqrt{26{,}67}}\right) - \Phi\left(\frac{30 - 0{,}5 - 40}{\sqrt{26{,}67}}\right)$$

$$= \Phi(2{,}03) - \Phi(-2{,}03) = \Phi(2{,}03) - (1 - \Phi(2{,}03))$$

$$= 2 \cdot \Phi(2{,}03) - 1 = 2 \cdot 0{,}9788 - 1 = 0{,}9576$$

Die Wahrscheinlichkeit, dass mehr als 30 aber höchstens 50 kinderlose Ehepaare unter allen Ehepaaren befinden beträgt ungefähr 95,76%.

Aufgaben

A.22.1 In einer Urne liegen 2 blaue, 3 rote und 2 gelbe Kugeln. $P(X)$ beschreibt die Wahrscheinlichkeit für X gezogene blaue Kugeln bei zweimaligem Ziehen mit Zurücklegen. Kreuze die richtigen Aussagen dazu an!

1. ○ $P(X = 1) \approx 0{,}27$
2. ○ $P(X \geq 0) = 1$
3. ○ $P(X = 0) < 1$
4. ○ $P(X < 2) = P(X = 0) + P(X = 1)$
5. ○ $P(X = 2) = 0{,}5$

A.22.2 Bei welchen der folgenden Aufgabenstellungen darf die Binomialverteilung zur Lösung verwendet werden? Kreuze die richtige(n) Aussage(n) an!

- ○ In einer Urne liegen 3 blaue, 4 weiße und 2 rote Kugeln. Es wird dreimal mit Zurücklegen gezogen. Wie groß ist die Wahrscheinlichkeit zuerst eine blaue, dann eine weiße und dann eine rote Kugel zu ziehen?

- ○ In einer Gruppe befinden sich zehn Kinder. Drei davon haben blaue Augen. Wie groß ist die Wahrscheinlichkeit, dass sich unter vier zufällig gewählten Kindern zwei mit blauen Augen befinden?

- ○ Ein Glühbirnenhersteller liefert täglich 1.000 Glühbirnen aus. Durchschnittlich werden bei diesem Transport 3 der Glühbirnen beschädigt. Wie groß ist die Wahrscheinlichkeit, dass mindestens 5 Glühbirnen bei einem Transport kaputtgehen?

- ○ In einer Schachtel befinden sich zehn rote und zehn blaue Stifte. Es wird dreimal ohne Zurücklegen gezogen. Wie groß ist die Wahrscheinlichkeit drei blaue Stifte zu ziehen?

- ○ Ein Kontrolleur kontrolliert Fahrkarten in einem Zug. Aus Erfahrung weiß man, dass etwa 2% aller Fahrgäste Schwarzfahrer sind. Wie groß ist die Wahrscheinlichkeit einen Schwarzfahrer in einer Gruppe von 50 Leuten zu erwischen?

A.22.3 In einem Fischteich befinden sich 150 Fische. 30 davon sind Forellen. Lukas möchte fünf Fische fangen. Wie groß ist die Wahrscheinlichkeit, dass er mindestens eine Forelle fängt?

A.22.4 Ein Limonadenhersteller füllt pro Woche 10.000 Flaschen Saft ab. Eine Maschine bedruckt die Etiketten dafür in 99,87% der Fälle richtig. Wie groß ist die Wahrscheinlichkeit, dass höchstens 10 Flaschen falsch bedruckt werden?

A.22.5 Ein Bauer stapelt Gurken in eine Kiste. Stark gekrümmte werden aus Platzgründen aussortiert und zu Gurkensalat weiterverarbeitet. Pro Stunde werden 78 Gurken in die Kisten gestapelt und dabei 2 Stück aussortiert. Wie groß ist die Wahrscheinlichkeit, dass bei 400 Gurken die Anzahl der aussortierten Gurken zwischen 7 und 13 liegt?

23 Beschreibende Statistik

23.1 Kennzahlen

Wir haben schon in vorhergehenden Kapiteln einige Kennzahlen der beschreibenden Statistik, wie etwa die Varianz oder die Standardabweichung, kennengelernt. Im Folgenden sind nun alle statistischen Kennzahlen, die für die Matura relevant sind, aufgelistet und erklärt.

Arithmetisches Mittel

Das arithmetische Mittel $\bar{x}$ ist der Durchschnitt der Werte einer Datenliste, weshalb diese Kennzahl auch ganz einfach Durchschnitt genannt wird. Dir ist in diesem Zusammenhang sicher schon der Notenschnitt bekannt. Hier werden alle Werte zusammengezählt und anschließend durch ihre Anzahl n dividiert.

$$\bar{x} = \frac{x_1 + x_2 + x_3 + \cdots + x_n}{n}$$

Arithm. Mittel

Median

Sortiert man in einer Zahlenreihe die Werte ihrer Größe nach, entspricht der Median dem Wert, der genau in der Mitte der Zahlenreihe steht. Er teilt die Zahlenreihe also in zwei Hälften. Zum Beispiel ist von der Zahlenreihe 1 2 2 3 4 5 6 der Median gleich 3.

Liegt der Median zwischen zwei Zahlen, nimmt man einfach den Wert dazwischen, auch wenn dieser gar nicht in der Zahlenreihe vorkommt. Betrachten wir die Zahlenreihe 1 2 2 3 4 5 6 6 liegt der Median hier zwischen 3 und 4, er beträgt also $(3 + 4)/2 = 3{,}5$.

Median

Wichtig Das arithmetische Mittel und der Median beschreiben nicht dasselbe! Das arithmetische Mittel ist der Durchschnitt der Zahlenwerte. Der Median ist der Wert, der in der Zahlenreihe in der Mitte steht. Das arithmetische Mittel wird vor allem sehr stark durch Ausreißer beeinflusst, der Median ist in solchen Fällen oft aussagekräftiger.

Beispiel Das durchschnittliche Monatsgehalt von Mitarbeitern eines Unternehmens beträgt:

$$M_1 = 1100, M_2 = 1200, M_3 = 1250, M_4 = 4500$$

Der Median beträgt 1225 und das arithmetische Mittel $\bar{x} = \frac{1100+1200+1250+4500}{4} = 2012{,}5$. Wir sehen hier, dass der Ausreißer ($M_4 = 4500$) das arithmetische Mittel stark anhebt. Im Gegensatz zum Median ist das arithmetische Mittel hier nicht so repräsentativ.

Modus

Der Modus (Modalwert) ist jener Wert, der in deiner Datenliste am häufigsten vorkommt. Zum Beispiel ist von der Zahlenreihe 1 3 4 4 5 5 5 6 7 7 der Modus 5, da dieser Wert insgesamt dreimal in der Liste vorkommt, hingegen 4 und 7 nur zweimal und die anderen Werte nur einmal vorkommen.

Spannweite

Die Spannweite ist der Abstand zwischen Minimum und Maximum einer Datenmenge. Zum Beispiel beträgt die Spannweite der Zahlenreihe 3 4 5 5 6 7 7 8 9 9 mit dem Minimum = 3 und dem Maximum = 9 genau 9 − 3 = 6.

Quartile

Ein Quartil entspricht dem Viertel einer Datenmenge, in jedem Quartil liegen also 25% der Werte. In Aufgabenstellungen ist meist das untere (also die untersten 25% der Werte) und das obere Quartil (die obersten 25%) gefragt.

Beispiel Bestimme die Quartile der Datenmenge 3 4 5 5 6 7 7 8 9 9.

Am besten bestimmen wir immer zuerst den Median. Der ist in diesem Fall: 3 4 5 5 6 / 7 7 8 9 9 → 6,5. Dann teilen wir die Datenhälften noch einmal und erhalten so die Quartilsgrenzen: 3 4 $\underline{5}$ 5 6 / 7 7 $\underline{8}$ 9 9. Es folgt:

- 1. Quartil 3 – 5
- 2. Quartil 5 – 6,5
- 3. Quartil 6,5 – 8
- 4. Quartil 8 – 9

Empirische Varianz/Standardabweichung

Diese Kennzahlen beschreiben die Streuung einer Zufallsvariablen. Die Varianz ist das Quadrat der Standardabweichung.

23.2 Darstellung von Datenmengen

Datenmengen können in unterschiedlichster Weise dargestellt werden. Im Folgenden erklären wir die wichtigsten Darstellungsformen, die du für die Matura unbedingt kennen solltest.

Säulendiagramm
vertikale Balken

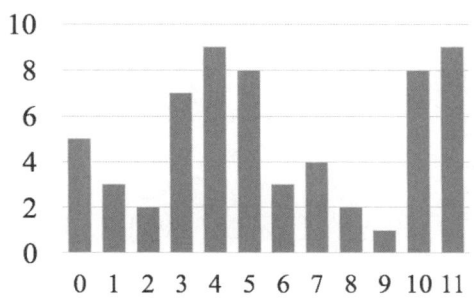

Balkendiagramm
horizontale Balken

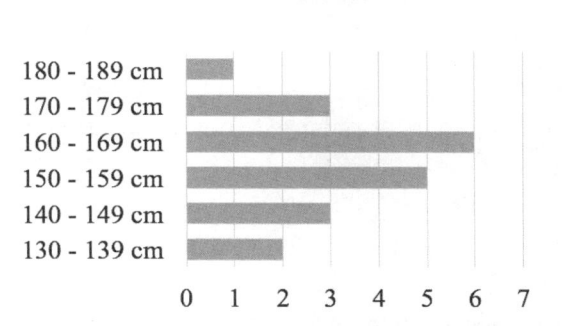

Liniendiagramm
Auch Kurvendiagramm genannt, ist eine funktionelle Darstellung der Beziehung zweier Datenmengen

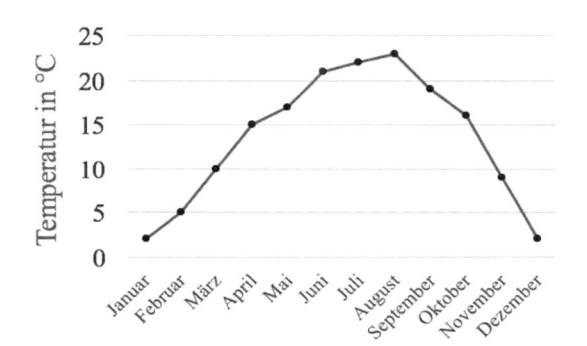

Punktwolkendiagramm
Einzelne Daten werden als Punkte dargestellt

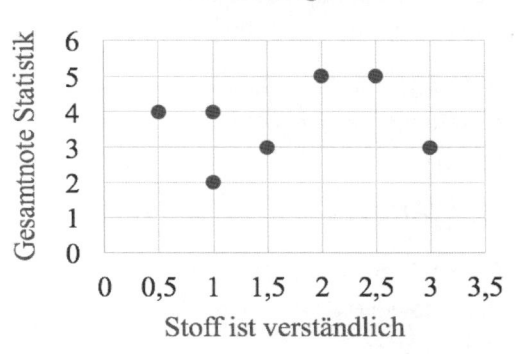

Histogramm
Spezialfall des Säulendiagramms: Daten werden in Gruppen geordnet und einzeln als Balken dargestellt

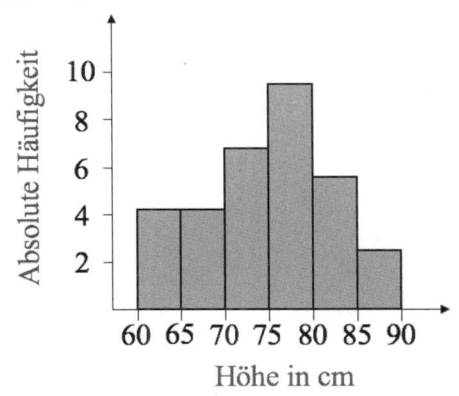

Kreisdiagramm

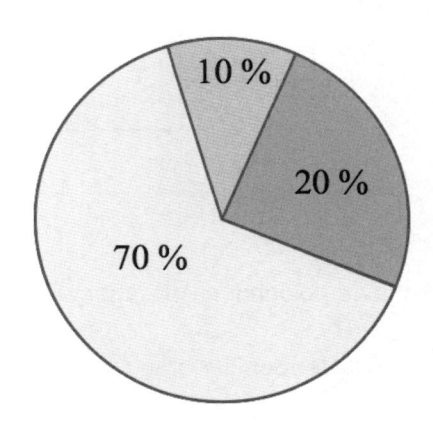

Boxplot

Am wichtigsten ist der *Boxplot*, den du selber zeichnen und vor allem interpretieren musst. Ein Kastenschaubild, oder auch Boxplot, stellt eine Datenmenge übersichtlich dar. Es basiert auf der Einteilung einer Datenmenge in Quartile, die wir im vorhergehenden Kapitel schon kennengelernt haben.

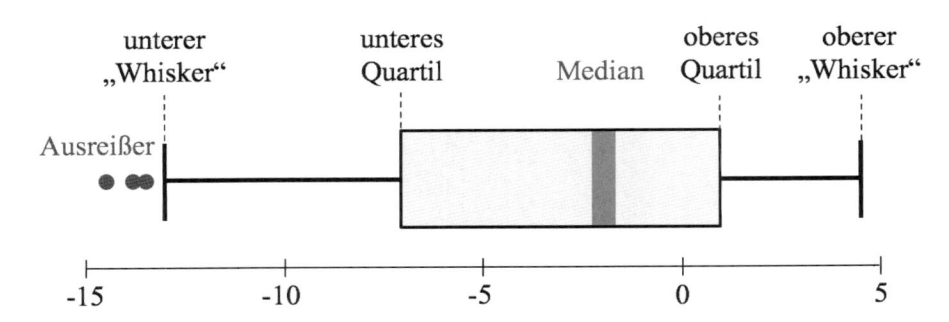

Doch wie zeichnen wir ein Boxplot-Diagramm? Zuerst ordnest du die Werte in einer Datenreihe ihrer Größe nach. Dann wird die Spannweite, also das Minimum und das Maximum, eingezeichnet. Anschließend trägst du den Median und die Quartilsgrenzen ein. Das erste und letzte Quartil werden als horizontale Linien, auch „Whisker" genannt, dargestellt. Die beiden mittleren als Kästen oder Boxen (deshalb auch die Bezeichnung „Boxplot").

Wichtig In jedem Quartil werden genau 25% der Daten dargestellt, auch wenn die einzelnen Abschnitte des Boxplots unterschiedlich groß aussehen.

Aufgaben

A.23.1 Erstelle aus der folgenden Datenliste einen Boxplot und gib Minimum, Maximum, Spannweite sowie die Quartilsgrenzen an: 8 20 14 12 4 17 9 14 13 2 6 15

A.23.2 Eine Klasse läuft in der Turnstunde eine bestimmte Strecke. Im folgenden Boxplot wird dargestellt, wie lange die Schüler für diese Strecke brauchen.

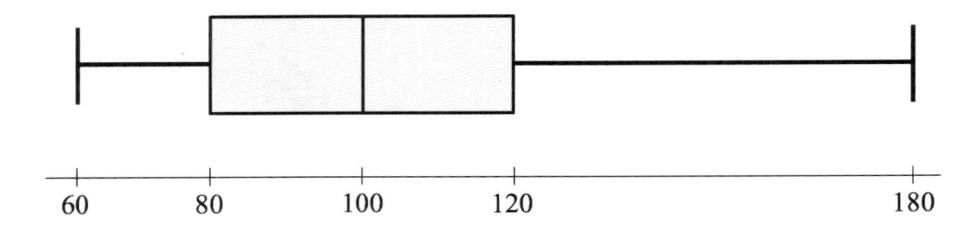

Welche der folgenden Aussagen dazu ist/sind richtig?

○ 25% der Schüler brauchen 120 Sekunden oder länger.

○ 50% der Schüler brauchen 100 Sekunden oder länger.

○ Der schnellste Schüler braucht 60 Sekunden.

○ 25% der Schüler brauchen 80 Sekunden.

○ 75% laufen die Strecke in weniger als oder genau 120 Sekunden.

24 Konfidenzintervalle

Konfidenzintervalle kommen bei der Erhebung und Auswertung von Daten zum Einsatz. Sehr häufig werden dabei große Stichproben durchgeführt.

Folgendes Beispiel soll dir die Zusammenhänge verdeutlichen: Wir führen vor einer Nationalratswahl in Österreich eine Befragung durch, um eine Voraussage über das Wahlergebnis machen zu können. Unsere Grundgesamtheit sind alle Wahlberechtigten Österreicher und Österreicherinnen. Da es aber viel zu aufwändig wäre wirklich alle zu befragen, machen wir eine Stichprobe. Also fragen wir 1.000 Wahlberechtigte, wem sie ihre Stimme bei der Wahl geben würden.

Das Ergebnis unserer Stichprobe wird ziemlich wahrscheinlich nicht genau mit dem unserer Grundgesamtheit (= dem tatsächlichen Wert) übereinstimmen. Da wir unsere Ergebnisse nicht aus der Befragung der Grundgesamtheit ableiten können, können wir nur eine Prognose aufstellen, die aber immer nur eine Schätzung bleibt. Am Wahltag kann das tatsächliche Ergebnis von unserem Vorausgesagten abweichen.

Grundsätzlich kann man anhand von Stichproben nie sicher auf die Grundgesamtheit schließen, eine 100% Wahrscheinlichkeit gibt es beim Berechnen von Konfidenzintervallen also nicht.

Mithilfe von Konfidenzintervallen können wir angeben, mit welcher Wahrscheinlichkeit unser Ergebnis mit dem wahren Wert übereinstimmt. Die Sicherheit dafür, wie sehr das Ergebnis der Stichprobe mit dem der Grundgesamtheit übereinstimmt, hängt von zwei Faktoren ab:

1. **Stichprobengröße** n:
   Befragen wir nur 10 Leute ist unsere Prognose nicht so repräsentativ, als würden wir 100.000 befragen.

2. **Streuung**:
   Umso mehr Ausreißer es innerhalb der Stichprobe gibt, umso eher wird unsere Prognose vom Ergebnis der Grundgesamtheit abweichen.

Da wir ja schon wissen, dass unsere Stichprobe nie zu 100% richtig sein kann, müssen wir eine andere Sicherheit angeben. Üblich bei der Berechnung von Konfidenzintervalle sind Werte wie 99%, 95% und 90%. Wir nehmen an, unser Ergebnis soll zu 95% richtig sein. Dafür müssen wir nun ein Intervall rund um den Erwartungswert unserer Stichprobe berechnen, in dem der wahre Wert mit 95%iger Wahrscheinlichkeit liegt – das Konfidenzintervall!

24. Konfidenzintervalle

Formel zur Berechnung des Konfidenzintervalls:

$$\hat{p} - z \cdot \sqrt{\frac{\hat{p} \cdot (1-\hat{p})}{n}} \leq p \leq \hat{p} + z \cdot \sqrt{\frac{\hat{p} \cdot (1-\hat{p})}{n}}$$

mit p als wahren Wert der Grundgesamtheit
und $\hat{p}$ als geschätzten Wert (= Intervallgrenze)

Die Größe des Konfidenzintervalls wird durch die geschätzten Parameter (die Intervallgrenzen) bestimmt. Bei der Berechnung hilft uns die Normalverteilung, denn wir wissen bereits, dass etwa ...% aller Werte im Bereich...

- 68% im Bereich $1 \pm \sigma$
- 95% im $2 \pm \sigma$
- 99% im $3 \pm \sigma$

um den Erwartungswert liegen. Mithilfe der Normalverteilung können wir die Sicherheit eines Konfidenzintervalls in die Formel miteinbeziehen. Bei einem 95%-Konfidenzintervall suchst du im Formelheft für $D(z) = 0{,}95$ den dazugehörigen z-Wert. Es gilt:

- 90% → $z = 1{,}64$
- 95% → $z = 1{,}96$
- 99% → $z = 2{,}58$ usw.

Beispiel In Österreich findet eine Wahl statt. Wie groß ist das 95% Konfidenzintervall bei einer Stichprobengröße von 3.000 Personen, wenn 25% von ihnen Partei A wählen?

Wir bestimmen zunächst die untere und obere Intervallgrenze und erhalten:

Untere Intervallgrenze: $p \geq \hat{p} - z \cdot \sqrt{\frac{\hat{p} \cdot (1-\hat{p})}{n}} \Rightarrow p \geq 0{,}25 - 1{,}96 \cdot \sqrt{\frac{0{,}25 \cdot (1-0{,}25)}{3000}} \approx 0{,}2345$

Obere Intervallgrenze: $p \leq \hat{p} + z \cdot \sqrt{\frac{\hat{p} \cdot (1-\hat{p})}{n}} \Rightarrow p \leq 0{,}25 + 1{,}96 \cdot \sqrt{\frac{0{,}25 \cdot (1-0{,}25)}{3000}} \approx 0{,}2655$

Der wahre Wert der Grundgesamtheit liegt also mit 95%iger Wahrscheinlichkeit im Intervall zwischen 23,45% und 26,55%.

> **Je höher die angegebene Sicherheit, desto größer muss natürlich auch das Konfidenzintervall sein.**

Du kannst bei der Matura auch Aufgaben bekommen, in denen die Intervallgrenzen angegeben und nach der Stichprobengröße oder der Sicherheit gefragt wird. Dafür gehst du einfach wie im Beispiel oben vor und setzt die Größen ein, die dir bekannt sind. Dann formst du einfach nach dem gesuchten Wert um und berechnest ihn. Wenn du dir noch nicht ganz sicher bist, rechne einfach die folgenden Aufgaben durch.

Aufgaben

A.24.1 30% der befragten Personen gaben an, Partei X bei der nächsten Wahl zu wählen. Das Institut, das die Umfrage durchführt, gibt an, dass die Partei mit einer Wahrscheinlichkeit von 99% zwischen 28% und 32% der Stimmen erhält. Wie viele Personen mussten mindestens befragt werden, um auf dieses Ergebnis zu kommen?

A.24.2 6000 Personen wurden gefragt, ob sie täglich fernsehen. 80% bejahten diese Frage, woraufhin ein 90% Konfidenzintervall aufgestellt wurde. Was lässt sich im Hinblick auf die Länge des Konfidenzintervalls sagen, wenn mehr Personen befragt worden wären und die Sicherheit gleich bleibt?

Notizen

Notizen

Tabelle 1: σ-Regeln für Binomialverteilungen

Eine mit den Parametern n und p binomialverteilte Zufallsgröße X hat den Erwartungswert $\mu = n \cdot p$ und die Standardabweichung $\sigma = \sqrt{n \cdot p \cdot (1-p)}$.
Wenn die LAPLACE-Bedingung $\sigma > 3$ erfüllt ist, gelten die σ-Regeln:

$P(\mu - 1{,}64\sigma \leq X \leq \mu + 1{,}64\sigma) \approx 0{,}90$	$P(\mu - 1{,}64\sigma \leq X) \approx 0{,}95$
	$P(X \leq \mu + 1{,}64\sigma) \approx 0{,}95$
$P(\mu - 1{,}96\sigma \leq X \leq \mu + 1{,}96\sigma) \approx 0{,}95$	$P(\mu - 1{,}96\sigma \leq X) \approx 0{,}975$
	$P(X \leq \mu + 1{,}96\sigma) \approx 0{,}975$
$P(\mu - 2{,}58\sigma \leq X \leq \mu + 2{,}58\sigma) \approx 0{,}99$	$P(\mu - 2{,}58\sigma \leq X) \approx 0{,}995$
	$P(X \leq \mu + 2{,}58\sigma) \approx 0{,}995$

$P(\mu - 1\sigma \leq X \leq \mu + 1\sigma) \approx 0{,}683$	$P(\mu - 1\sigma \leq X) \approx 0{,}841$
	$P(X \leq \mu + 1\sigma) \approx 0{,}841$
$P(\mu - 2\sigma \leq X \leq \mu + 2\sigma) \approx 0{,}954$	$P(\mu - 2\sigma \leq X) \approx 0{,}977$
	$P(X \leq \mu + 2\sigma) \approx 0{,}977$
$P(\mu - 3\sigma \leq X \leq \mu + 3\sigma) \approx 0{,}997$	$P(\mu - 3\sigma \leq X) \approx 0{,}999$
	$P(X \leq \mu + 3\sigma) \approx 0{,}999$

Tabelle 2: Kumulierte Binomialverteilung für $n = 10$ und $n = 20$

$$F(n;p;k) = B(n;p;0) + \ldots + B(n;p;k) = \binom{n}{0}p^0(1-p)^{n-0} + \ldots + \binom{n}{k}p^k(1-p)^{n-k}$$

n	k	p=0,02	0,05	0,08	0,1	0,15	0,2	0,25	0,3	0,5	k	n
10	0	0,8171	0,5987	0,4344	0,3487	0,1969	0,1074	0,0563	0,0282	0,0010	9	10
	1	0,9838	0,9139	0,8121	0,7361	0,5443	0,3758	0,2440	0,1493	0,0107	8	
	2	0,9991	0,9885	0,9599	0,9298	0,8202	0,6778	0,5256	0,3828	0,0547	7	
	3		0,9990	0,9942	0,9872	0,9500	0,8791	0,7759	0,6496	0,1719	6	
	4		0,9999	0,9994	0,9984	0,9901	0,9672	0,9219	0,8497	0,3770	5	
	5				0,9999	0,9986	0,9936	0,9803	0,9527	0,6230	4	
	6					0,9999	0,9991	0,9965	0,9894	0,8281	3	
	7						0,9999	0,9996	0,9984	0,9453	2	
	8								0,9999	0,9893	1	
	9									0,9990	0	
20	0	0,6676	0,3585	0,1887	0,1216	0,0388	0,0115	0,0032	0,0008	0,0000	19	20
	1	0,9401	0,7358	0,5169	0,3917	0,1756	0,0692	0,0243	0,0076	0,0000	18	
	2	0,9929	0,9245	0,7879	0,6769	0,4049	0,2061	0,0913	0,0355	0,0002	17	
	3	0,9994	0,9841	0,9294	0,8670	0,6477	0,4114	0,2252	0,1071	0,0013	16	
	4		0,9974	0,9817	0,9568	0,8298	0,6296	0,4148	0,2375	0,0059	15	
	5		0,9997	0,9962	0,9887	0,9327	0,8042	0,6172	0,4164	0,0207	14	
	6			0,9994	0,9976	0,9781	0,9133	0,7858	0,6080	0,0577	13	
	7			0,9999	0,9996	0,9941	0,9679	0,8982	0,7723	0,1316	12	
	8				0,9999	0,9987	0,9900	0,9591	0,8867	0,2517	11	
	9					0,9998	0,9974	0,9861	0,9520	0,4119	10	
	10						0,9994	0,9961	0,9829	0,5881	9	
	11						0,9999	0,9991	0,9949	0,7483	8	
	12							0,9998	0,9987	0,8684	7	
	13								0,9997	0,9423	6	
	14									0,9793	5	
	15									0,9941	4	
	16									0,9987	3	
	17									0,9998	2	
n		0,98	0,95	0,92	0,9	0,85	0,8	0,75	0,7	0,5	k	n

Nicht aufgeführte Werte sind (auf 4 Dez.) 1,0000

Bei grau unterlegtem Eingang, d. h. $p \geq 0{,}5$, gilt: $F(n;p;k) = 1 - \text{abgelesener Wert}$

Tabelle 3: Kumulierte Binomialverteilungen für n = 100

$$F(n;p;k) = B(n;p;0) + \ldots + B(n;p;k) = \binom{n}{0} p^0 (1-p)^{n-0} + \ldots + \binom{n}{k} p^k (1-p)^{n-k}$$

n	k	0,05	0,07	0,1	0,15	1/6	0,2	0,25	0,27	0,3	1/3	0,4		n
	0	0,0059	0,0007	0,0000	0,0000	0,0000	0,0000	0,0000	0,0000	0,0000	0,0000	0,0000	99	
	1	0,0371	0,0060	0,0003	0,0000	0,0000	0,0000	0,0000	0,0000	0,0000	0,0000	0,0000	98	
	2	0,1183	0,0258	0,0019	0,0000	0,0000	0,0000	0,0000	0,0000	0,0000	0,0000	0,0000	97	
	3	0,2578	0,0744	0,0078	0,0001	0,0000	0,0000	0,0000	0,0000	0,0000	0,0000	0,0000	96	
	4	0,4360	0,1632	0,0237	0,0004	0,0001	0,0000	0,0000	0,0000	0,0000	0,0000	0,0000	95	
	5	0,6160	0,2914	0,0576	0,0016	0,0004	0,0000	0,0000	0,0000	0,0000	0,0000	0,0000	94	
	6	0,7660	0,4443	0,1172	0,0047	0,0013	0,0001	0,0000	0,0000	0,0000	0,0000	0,0000	93	
	7	0,8720	0,5988	0,2061	0,0122	0,0038	0,0003	0,0000	0,0000	0,0000	0,0000	0,0000	92	
	8	0,9369	0,7340	0,3209	0,0275	0,0095	0,0009	0,0000	0,0000	0,0000	0,0000	0,0000	91	
	9	0,9718	0,8380	0,4513	0,0551	0,0213	0,0023	0,0000	0,0000	0,0000	0,0000	0,0000	90	
	10	0,9885	0,9092	0,5832	0,0994	0,0427	0,0057	0,0001	0,0000	0,0000	0,0000	0,0000	89	
	11	0,9957	0,9531	0,7030	0,1635	0,0777	0,0126	0,0004	0,0001	0,0000	0,0000	0,0000	88	
	12	0,9985	0,9776	0,8018	0,2473	0,1297	0,0253	0,0010	0,0002	0,0000	0,0000	0,0000	87	
	13	0,9995	0,9901	0,8761	0,3474	0,2000	0,0469	0,0025	0,0006	0,0001	0,0000	0,0000	86	
	14	0,9999	0,9959	0,9274	0,4572	0,2874	0,0804	0,0054	0,0014	0,0002	0,0000	0,0000	85	
	15		0,9984	0,9601	0,5683	0,3877	0,1285	0,0111	0,0033	0,0004	0,0000	0,0000	84	
	16		0,9994	0,9794	0,6725	0,4942	0,1923	0,0211	0,0068	0,0010	0,0001	0,0000	83	
	17		0,9998	0,9900	0,7633	0,5994	0,2712	0,0376	0,0133	0,0022	0,0002	0,0000	82	
	18		0,9999	0,9954	0,8372	0,6965	0,3621	0,0630	0,0243	0,0045	0,0005	0,0000	81	
	19			0,9980	0,8935	0,7803	0,4602	0,0995	0,0420	0,0089	0,0011	0,0000	80	
	20			0,9992	0,9337	0,8481	0,5595	0,1488	0,0684	0,0165	0,0024	0,0000	79	
	21			0,9997	0,9607	0,8998	0,6540	0,2114	0,1057	0,0288	0,0048	0,0000	78	
	22			0,9999	0,9779	0,9369	0,7389	0,2864	0,1552	0,0479	0,0091	0,0001	77	
	23				0,9881	0,9621	0,8109	0,3711	0,2172	0,0755	0,0164	0,0003	76	
	24				0,9939	0,9783	0,8686	0,4617	0,2909	0,1136	0,0281	0,0006	75	
	25				0,9970	0,9881	0,9125	0,5535	0,3737	0,1631	0,0458	0,0012	74	
	26				0,9986	0,9938	0,9442	0,6417	0,4620	0,2244	0,0715	0,0024	73	
	27				0,9994	0,9969	0,9658	0,7224	0,5516	0,2964	0,1066	0,0046	72	
	28				0,9997	0,9985	0,9800	0,7925	0,6379	0,3768	0,1524	0,0084	71	
	29				0,9999	0,9993	0,9888	0,8505	0,7172	0,4623	0,2093	0,0148	70	
100	30					0,9997	0,9939	0,8962	0,7866	0,5491	0,2766	0,0248	69	100
	31					0,9999	0,9969	0,9307	0,8446	0,6331	0,3525	0,0398	68	
	32						0,9984	0,9554	0,8909	0,7107	0,4344	0,0615	67	
	33						0,9993	0,9724	0,9261	0,7793	0,5188	0,0913	66	
	34						0,9997	0,9836	0,9518	0,8371	0,6019	0,1303	65	
	35						0,9999	0,9906	0,9697	0,8839	0,6803	0,1795	64	
	36						0,9999	0,9948	0,9817	0,9201	0,7511	0,2386	63	
	37							0,9973	0,9893	0,9470	0,8123	0,3068	62	
	38							0,9986	0,9940	0,9660	0,8630	0,3822	61	
	39							0,9993	0,9968	0,9790	0,9034	0,4621	60	
	40							0,9997	0,9983	0,9875	0,9341	0,5433	59	
	41							0,9999	0,9992	0,9928	0,9566	0,6225	58	
	42							0,9999	0,9996	0,9960	0,9724	0,6967	57	
	43								0,9998	0,9979	0,9831	0,7635	56	
	44								0,9999	0,9989	0,9900	0,8211	55	
	45									0,9995	0,9943	0,8689	54	
	46									0,9997	0,9969	0,9070	53	
	47									0,9999	0,9983	0,9362	52	
	48									0,9999	0,9991	0,9577	51	
	49										0,9996	0,9729	50	
	50										0,9998	0,9832	49	
	51										0,9999	0,9900	48	
	52											0,9942	47	
	53											0,9968	46	
	54											0,9983	45	
	55					Nicht aufgeführte Werte sind (auf 4 Dez.) 1,0000						0,9991	44	
	56											0,9996	43	
	57											0,9998	42	
	58											0,9999	41	
n		0,95	0,93	0,9	0,85	5/6	0,8	0,75	0,73	0,7	2/3	0,6	k	n

Bei grau unterlegtem Eingang, d.h. $p \geq 0{,}5$ gilt: $F(n;p;k) = 1 - $ abgelesener Wert

Tabelle 4: Normalverteilung

$\phi(z) = 0,...$

$\phi(-z) = 1 - \phi(z)$

z	0	1	2	3	4	5	6	7	8	9
0,0	5000	5040	5080	5120	5160	5199	5239	5279	5319	5359
0,1	5398	5438	5478	5517	5557	5596	5636	5675	5714	5753
0,2	5793	5832	5871	5910	5948	5987	6026	6064	6103	6141
0,3	6179	6217	6255	6293	6331	6368	6406	6443	6480	6517
0,4	6554	6591	6628	6664	6700	6736	6772	6808	6844	6879
0,5	6915	6950	6985	7019	7054	7088	7123	7157	7190	7224
0,6	7257	7291	7324	7357	7389	7422	7454	7486	7517	7549
0,7	7580	7611	7642	7673	7704	7734	7764	7794	7823	7852
0,8	7881	7910	7939	7967	7995	8023	8051	8078	8106	8133
0,9	8159	8186	8212	8238	8264	8289	8315	8340	8365	8389
1,0	8413	8438	8461	8485	8508	8531	8554	8577	8599	8621
1,1	8643	8665	8686	8708	8729	8749	8770	8790	8810	8830
1,2	8849	8869	8888	8907	8925	8944	8962	8980	8997	9015
1,3	9032	9049	9066	9082	9099	9115	9131	9147	9162	9177
1,4	9192	9207	9222	9236	9251	9265	9279	9292	9306	9319
1,5	9332	9345	9357	9370	9382	9394	9406	9418	9429	9441
1,6	9452	9463	9474	9484	9495	9505	9515	9525	9535	9545
1,7	9554	9564	9573	9582	9591	9599	9608	9616	9625	9633
1,8	9641	9649	9656	9664	9671	9678	9686	9693	9699	9706
1,9	9713	9719	9726	9732	9738	9744	9750	9756	9761	9767
2,0	9772	9778	9783	9788	9793	9798	9803	9808	9812	9817
2,1	9821	9826	9830	9834	9838	9842	9846	9850	9854	9857
2,2	9861	9864	9868	9871	9875	9878	9881	9884	9887	9890
2,3	9893	9896	9898	9901	9904	9906	9909	9911	9913	9916
2,4	9918	9920	9922	9925	9927	9929	9931	9932	9934	9936
2,5	9938	9940	9941	9943	9945	9946	9948	9949	9951	9952
2,6	9953	9955	9956	9957	9959	9960	9961	9962	9963	9964
2,7	9965	9966	9967	9968	9969	9970	9971	9972	9973	9974
2,8	9974	9975	9976	9977	9977	9978	9979	9979	9980	9981
2,9	9981	9982	9982	9983	9984	9984	9985	9985	9986	9986
3,0	9987	9987	9987	9988	9988	9989	9989	9989	9990	9990
3,1	9990	9991	9991	9991	9992	9992	9992	9992	9993	9993
3,2	9993	9993	9994	9994	9994	9994	9994	9995	9995	9995
3,3	9995	9995	9995	9996	9996	9996	9996	9996	9996	9997
3,4	9997	9997	9997	9997	9997	9997	9997	9997	9997	9998
3,5	9998	9998	9998	9998	9998	9998	9998	9998	9998	9998
3,6	9998	9998	9999	9999	9999	9999	9999	9999	9999	9999
3,7	9999	9999	9999	9999	9999	9999	9999	9999	9999	9999
3,8	9999	9999	9999	9999	9999	9999	9999	9999	9999	9999

Beispiele für den Gebrauch:

$\phi(2,32) = 0,9898$

$\phi(-0,9) = 1 - \phi(0,9) = 0,1841$

$\phi(z) = 0,994 \Rightarrow z = 2,51$